農学が世界を救う！

──食料・生命・環境をめぐる科学の挑戦

生源寺眞一
太田寛行　編著
安田弘法

岩波ジュニア新書 861

はじめに

大学に農学部があることは知っているけれど、いったい何を学ぶの？　若いみなさんのこんな素朴（そぼく）な疑問に答えようと考えたのが、この小さな書物を企画したきっかけでした。

自分自身の中学・高校時代を思い返してみても、農学部や農学の漠然（ばくぜん）としたイメージはともかく、中身についての具体的な知識はほとんどありませんでした。どこかでお米の品種改良という話を聞いたが、これは農学のテーマではないだろうか。せいぜい、その程度の理解だったのです。

漠然としたイメージと言いましたが、先入観にとらわれていた面があったかもしれません。たとえば、かつての稲作は田植えも収穫も手作業の重労働でしたから、農学部も泥だらけの実習の毎日といった先入観です。実際にはそんなことはありません。というよりも、大学の農場でたまに行われた実習は、ほかの勉強では得られない楽しいひとときでした。

農業は変わりました。今も変わり続けています。ですから、若いみなさんの農業に対するイメージも、したがって農学部や農学のイメージも、私自身の少年時代とはずいぶん異なっているはずです。けれども、農学の中身について、漠然とした認識にとどまっている点では、今も昔と変わらないように思います。このあたりは、母校の現役の高校生との交流などから、個人的にも実感しているところです。

　現代の農学の対象は、産業としての農林水産業に限定されるわけではありません。典型的には、環境科学としての農学の展開があります。農学の研究方法も、二〇世紀の終盤から劇的に変化を遂げてきました。その象徴が生命科学の急速な深化です。こうした最先端の潮流も取り上げながら、農学の具体像をていねいに解説することにしました。

　農学の網羅的なテキストのジュニア版を意図したわけではありません。トピックスをしぼったうえで、農学ならではの持ち味を伝えることを心がけました。農学って、おもしろい。これが本書のメッセージであり、私たち六人の著者が共有する思いにほかなりません。

　農学の対象は農林水産業に限定されないと述べましたが、むろん、重要な対象であることに変わりはありません。衣食住をめぐるさまざまな問題に向き合うなかから、農学は発展してきたのです。課題解決志向の学問、これが農学本来の姿だと言ってもよいでしょう。ただ、どうかすると、問題に向き合う意識が希薄になってしまうことがあります。まじめな学生ほど、その可能性が高いかもしれません。

　現代の農学は多くの専門領域に分化し、それぞれの領域では、さらに細部を深く掘り進む作業が行われています。まさに「微に入り細を穿つ」毎日です。そして、専門性が高まるにつれて、当初の問題意識が薄らいでしまうことがあるのです。学生だけではありません。農学の研究者にとっても、社会の具体的な課題への挑戦意識をあらためて自覚することが大切だと思います。

　社会の課題への挑戦と言いましたが、農学の貢献は身近な衣食住や農山村の問題にとどまりません。食料問題の克服は地球社会全体の課題ですし、環境問題の改善は将来の世代に向けた取り組みでもあります。ただし、最先端の生命科学を駆使したとしても、一朝一夕の解決を期待できるわけではありません。

　時間をかけた地道な努力の積み重ねこそが、これからの地球社会を変えることになるのです。日常的な実験やフィールドワークを起点に、グローバルなレベルにも到達する貢献の道筋を仲間とともに実感できること。この点にも農学の持ち味があります。本書のタイトル「農学が世界を救う！」には、そんな思いも込めたつもりです。

　本書の成り立ちについて、ひとこと。一〇年近く前のことですが、全国の農学系学部長の集まりがきっかけとなり、当時の学部長としては若手だった五人が意気投合し、農学入門のテキストを作ることになりました。五人組のメンバーは、本書の著者である太田・生源寺(しょうげんじ)・橘(たちばな)・安田、それに今回はお仕事の都合で直接に執筆は担当されなかった信州大学農学部の中村宗一郎さんであり、五人による編集で大学生向けのテキスト『農学入門』(二〇一三年、養賢堂)を出版しました。

幸いにも版を重ねて、農学部の学生を中心に利用していただいていますが、このさい高校生や中学生のみなさんにも農学のおもしろさを伝えようではないか、という話になりました。それがこの『農学が世界を救う!』につながったわけですが、今回は高橋伸一郎さんと竹中麻子さんにも加わっていただきました。五人組よりもさらに若い(?!)強力な新メンバーであり、農学の持ち味を解説するうえで、存分にパワーを発揮されました。

こんな成り立ちの小さな書物ですが、農学の気軽な道案内として目を通していただければ幸いです。著者一同、読者のみなさんに農学の農学らしさを感じ取っていただくことを願っています。

五人組の最長老として　**生源寺眞一**

目　次

イラスト　川野郁代

第1章

農学って、どんな学問？

生源寺眞一
福島大学農学系教育研究組織設置準備室

ミャンマー・マンダレーにおける、学生による農家への聞き取り調査
（写真提供：露木聡氏）

1　まるで小さな大学

農学がカバーしている領域の広さは、半端(はんぱ)ではありません。耕地・里山・森林・海洋はすべて農学の研究や教育の対象です。動物や植物が生息している空間であれば、そこは農学のフィールドだと言ってよいくらいです。対象のスケールという点でも、分子レベルから個体レベル、さらには個体群、つまり同種の生物の集団から生態系のレベルまで、多次元の領域をカバーしているのです。

農学系の学部は、まるで小さな大学みたいですね——このような感想が寄せられることもあります。たしかに、そんな一面も否定できません。農学は生物学や化学や物理学といった自然科学はもちろんのこと、経済学や社会学などの人文社会科学の成果も活用しながら、食料・生命・環境のさまざまな問題を解き明かすことを目指しているからです。ベースにある学問分野の広がりも、農学の特徴なのです。

この点を実感してもらうために、表をひとつ掲げておきましょう。これは国による研究助

表1-1　科学研究費の分科と細目

分科	細目
生産環境農学	遺伝育種科学 作物生産科学 園芸科学 植物保護科学
農芸化学	植物栄養学・土壌学 応用微生物学 応用生物化学 生物有機化学 食品科学
森林圏科学	森林科学 木質科学
水圏応用科学	水圏生産科学 水圏生命科学
社会経済農学	経営・経済農学 社会・開発農学
農業工学	地域環境工学・計画学 農業環境・情報工学
動物生命科学	動物生産科学 獣医学 統合動物科学
境界農学	昆虫科学 環境農学(含ランドスケープ科学) 応用分子細胞生物学

成金である科学研究費の農学分野に含まれる分科と細目です(表1-1)。細部の内容はともかく、農学が実に多くの領域から構成されていることがわかると思います。

生物学・化学などの基礎科学に支えられて歩み続ける応用科学。これが現代の農学です。けれども、農学は多彩な専門分野のたんなる寄せ集めではありません。農学に集う人々がひとつの明快なミッションを共有しているからです。少し硬い表現になりますが、有限な資源を前提として、人間の安定した生存と心地よい生活に貢献するところに、農学の基本的な使命があるのです。

農学は毎日の暮らしを支える実践的な学問と言い換えてもよいでしょう。なによりも、農学は食料の科学だからです。私たちが生きていくために食料を欠くことはできません。そして言うまでもなく、食生活の素材は農産物や水産物なのです。林産物としてのキノコもありますね。いずれも農学の守備範囲に含まれています。

もっとも、食料の科学という表現は、いささか限定が強すぎます。農学の対象である生物起源の素材は、衣類や建築にも使われているからです。綿花の栽培や養蚕(ようさん)が繊維のためであり、住宅建材が木材の重要な用途であることは、みなさんもよく知っていると思います。食料を中心に衣食住の問題に深く関わる科学、これが現代の農学なのです。

農学は多くの基礎科学に支えられていると述べました。それだけに農学にとって、隣接（りんせつ）する学問領域との交流が非常に大切です。関連科学の成果を活用していることで、農学は新たな知見を生み出すことができるのです。逆に、農学で得られた成果が隣接科学の発展につながることも、まれではありません。農学は周囲の学問との良好なつきあいを通じて、自らの使命を果たしていく学問だと言ってもよいでしょう。

けれども、この認識をやや異なる角度から捉（とら）え直してみるならば、農学の固有の存在意義とは何かという問いにもつながっていくはずです。この視点も大切です。同じ対象を扱うほかの学問、あるいは方法を共有する他の学問との違いを問い直すことも、農学がどんな学問であるかを考える手がかりになるからです。

2　ものづくりと農学

農学や工学は、ものづくりに関係の深い学問です。この意味で、いずれも実践的な科学なのです。農学が対象とするものづくりは農業であり、林業です。漁業も養殖（ようしょく）であれば、ものづくりの範疇（はんちゅう）に含めてよいでしょう。言うまでもなく、今日の先進国では、農産物や林産物の多くは食品加工や林産加工のステップを経由して世の中に出ていきます。このような農産物や林産物の加工のプロセスも現代の農学の重要な領域なのです。

けれども、以下では農業と林業の現場に焦点をしぼって、農学的なものづくりの意味について考えてみましょう。その際、工学的なものづくり、すなわち製造業と比較することで、農業や林業の本質に近づくことができるように思います。

ものづくりとして見た場合、農業・林業と製造業との本質的な違いはどこにあるのでしょうか。答えは、農林水産業が生物生産だという点にあります。ものづくり、すなわち人間の生産活動は対象への人為的な働きかけにほかなりませんが、農業や林業あるいは養殖漁業の対象は生きている植物であり、動物なのです。

これに対して、製造業の多くは無機質の素材を対象にしています。生物が起源の素材が対象の場合であっても、製造の工程ではすでに生命体ではなくなっているのです。この単純明快な事実から、農林水産業には製造業にはない特色が生じることになります。

いま、生産活動とは対象への働きかけだと述べましたが、正確に表現するならば、農学的なものづくりにあっては、対象に直接働きかけるわけではありません。対象である植物や動物の生育環境を巧みに調節することで、間接的に植物や動物の成長を促しているのです。

温度、日照、湿度、水分、栄養素つまり肥料成分、雑草、病害虫など、調節が必要な環境の要素は多岐にわたっています。資源量の適切な管理が求められている点では、養殖業だけでなく、漁業全般についても環境を整えるタイプのものづくりに含めてよいかもしれませんね。これに対して工学的なものづくりは、対象に直接働きかける点を特色としています。

一人の男は針金をひき伸ばし、もう一人はこれをまっすぐにし、第三の者はこれを切り、第四はこれをとがらせ、第五はその先端をとぎみがく。――これはアダム・スミスの『国富論』の有名な一節です。ピン製造の工場内分業の様子を描いているのですが、対象そのものを変形する作業の連続であることがわかりますね。『国富論』は一七七六年に出版された古典ですが、この意味での製造業の本質はいまも変わっていません。

同じものづくりにも、生育環境に働きかける営みと素材を加工する営みがあるわけです。そして、農学的なものづくりは前者なのです。

人間の思いどおりにならない存在としての生命体。それぞれに個性的で完全に同一ではあり得ない生命体。そんな対象を環境の調節という間接的な方法でもって育てあげる点に、農業・林業・漁業の難しさ、面白さ、そして達成感があるのです。これが農学の難しさ、面白さ、達成感につながっていると言ってもよいでしょう。

3　環境科学としての農学

専門的な研究と教育が組織的に取り組まれたという意味で、日本の近代農学は明治初頭にスタートしました。したがって、すでに一五〇年の蓄積があるのです。農学の研究者も、黎明(れいめい)期から数えて第四世代から第五世代にさしかかっているところでしょうか。多くの人々に支えられて、現代の農学はずいぶん深化し、その領域もかつてないほどの広がりをみせています。

私自身が大学で教鞭(きょうべん)をとってきた過去三〇年に限っても、農学の領域の拡大や深化について、さまざまな例をあげることができます。それぞれの専門分野の研究者に尋ねてみれば、即座にいくつもの答えが返ってくることでしょう。それが日進月歩の科学に共通する姿なのです。けれども、農学全体を眺め渡してみるとき、もっとも顕著(けんちょ)な変化はふたつあると思われます。

ひとつは生命科学の飛躍的な発展です。学部や大学院、あるいは学科などの名称に生命の二文字を含んでいるケースがずいぶん増えました。福島大学に移るまでの私の所属は名古屋大学の生命農学研究科であり、その前の勤務地は東京大学の農学生命科学研究科でした。衣食住の科学としての農学の舞台を一新したのが、生命科学の発展だったのです。

もうひとつの顕著な変化は、環境科学としての農学の新たな展開です。この変化も、大学の組織の名称に反映されています。みなさんも調べてみればわかるでしょうが、環境の二文字が使われている農学系の学部や大学院もかなりの数に達しています。そして過去三〇年を振り返ってみると、農学の環境科学への展開は、対象である農林水産業の特質に由来している点で、必然的な流れだったと思います。

たとえば農作物を生産する耕地は、大気や水系との広い接触面を有する空間です。したがって、耕地を包み込む環境と耕地のあいだには双方向の影響関係が作用しているわけです。そして、ここが大事なところですが、人間活動としての農林水産業がさまざまなかたちで環境に負荷を与えている実態もあるのです。

逆に、温暖化現象が象徴的ですが、地球環境の変化は人間活動としての農林水産業に深刻な影響をもたらすことも知られています。まさにこうした双方向の影響に対する認識が深まることで、農学は環境科学としての性格を強めてきたわけです。

環境科学としての農学のキーワードは人間活動です。そして、この点にほかの学問分野の環境科学との違いが見出されるのです。たとえば、理学部の環境科学との違いを問われたとしましょう。むろん、単純な境界線を引くことには慎重であるべきですが、自然それ自体を深く探究することに力点を置く理学系の環境科学に対して、農学的な環境科学は人間活動、とりわけ第一次産業との関わりにおいて、自然環境の真実に肉薄するところに特色があると答えたいと思います。

　農学の環境科学には人間社会の営みの要素が組み込まれているわけです。その意味で人間中心主義であると表現してもよいでしょう。もちろん人間中心主義と言っても、人間が好き勝手にしてよいという意味ではありません。私たちは私たちの利己的な行動が私たち自身の首を絞めていることを知っています。これが現代の環境問題の本質なのです。次世代の人々の生存条件を掘り崩しながら、現在の世代が豊かな生活を享受することは許されません。

　つまり、農学的な環境科学は人間中心主義なのですが、それは自覚的で自省的な人間中心主義であるべきなのです。さらに踏み込むならば、現代の農学は人間社会の倫理、それが厳密に何を意味するかはさしあたりおくとして、人間社会の倫理の要素を濃厚に含んだ科学にほかならないのです。

4　経済学の有効域

農学は人文社会科学の領域もカバーしています。私の専門は経済学で、農業経済学と呼ばれることが多い領域です。では、経済学部の経済学と農学系学部の経済学はどこがどう違うのでしょうか。この問いへの答えとしては、農学の経済学が応用のための枠組(わくぐ)みとしての性格が強いことを指摘できるでしょう。応用経済学という意味では、労働経済学や環境経済学なども農業経済学と似ています。

むろん応用経済学と言っても、学習の早い段階では、基礎的な理論を学ぶことが不可欠です。この入り口を通り抜けたのちに、農業経済学ならば、農業や食料の具体的な問題を解き明かす応用の段階に入っていくのです。たとえば、農業経営の規模と農業所得の関係を明らかにする、あるいは、経済成長に伴う食料消費の変化を国際的に比較するといったテーマに取り組むわけです。もっとも、経済学部の授業にも応用的な要素は含まれていますから、理論重視と応用重視の違いは程度の差とみるべきでしょう。

実を言えば、農業経済学を学び、教えて四〇年が経過したいま、私には経済学部の経済学と農学系学部の経済学のあいだには、理論重視と応用重視の差以上に重要な違いが横たわっているとの思いがあります。それは、農学としての経済学が、経済学の有効域を強く意識している経済学だという点なのです。

すなわち、世の中には経済学の理論が役に立たない問題が存在することを、当の経済学を応用する過程で学び取ることができる学問、それが農業経済学だという思いです。経済学の有効域を市場経済の有効域と言い換えてもよいでしょう。

経済学の対象は、端的に言えば、選択のある世界です。所得の制約と品目ごとの価格の条件が与えられたとき、消費者は満足を最大化するように商品の購入量を選択します。これが経済学の消費者行動理論のスタートです。この出発点から、たとえばある商品の価格が上昇すれば、その商品の購入量が減ることがわかり、そこから価格と需要(じゅよう)量の関係を表す需要曲線を導くことができるわけです。

同様に企業の行動の出発点は、製品や生産資材の価格を考慮しながら、利潤(りじゅん)が最大になる生産量を決定するところにあります。ここから商品の価格と供給量の関係である供給曲線も導かれます。そして需要曲線と供給曲線が交わる点で、市場の価格が決まるわけです。

図1-1のような市場取引の模式図について、学んだ経験のある読者もおられると思います。均衡(きんこう)価格と均衡取引量とありますが、市場で需要と供給がバランスする価格と取引量の

ことです。

ところが、農業経済学が対象とする食料は、スーパーなどで選んで買うことができる品物であると同時に、これなしでは生きていくことができない絶対的な必需品でもあります。ミニマムの食料の確保が問題となっている状況下では、満足度の最大化に向けた選択行動は許されないのです。絶対的な必需品としての性格が端的に表れるのが、途上国の貧困層の飢餓(きが)の問題にほかなりません。

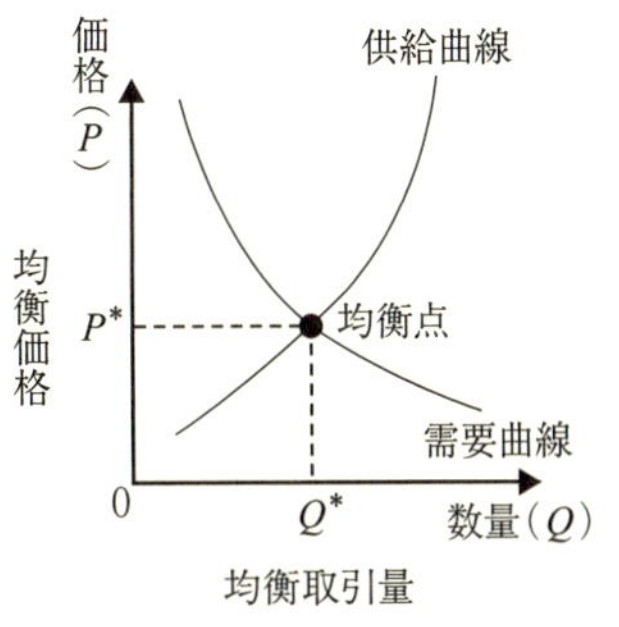

図 1-1　需要曲線と供給曲線

豊かな先進国の人々にも、食料が絶対的な必需品であることを意識する場面があるはずです。深刻な自然災害を頭に描いてみてください。さまざまな不測の事態への備え、つまり食料の安全保障は国家のもっとも優先度の高い政策課題のひとつでもあるのです。

農学的な経済学は、選択の余地のない世界にも正面から向き合う経済学です。選択のある世界、つまり市場経済の有効域のすぐ隣に選択の許されない領域、言い換えれば、品物の配分に市場での売買以外の方法を必要とする領域が存在するのです。市場経済が有効に機能している社会であっても、近い将来、食料の配給制度に依存する状況が生じないとは言い切れません。

市場経済の有効域、したがって経済学の有効域を明確に認識すること、これも経済学の大切な任務なのです。私には、この点に農学的な経済学ならではの持ち味があるとの思いがあります。経済学の限界をよくわきまえているという意味で、農業経済学は謙虚な経済学と言ってよいかもしれません。

第2章

いま、農学が社会から求められていること

生源寺眞一
福島大学農学系教育研究組織設置準備室

豊かな農作物が並ぶ、ベトナム・カントーの市場
（写真提供：黒倉壽氏）

1　食料問題とどう向き合うか

⑴ 世界の栄養不足人口

栄養不足人口という言葉を知っていますか？　これは国連の食糧農業機関（Food and Agriculture Organization）、英語の頭文字でFAOと呼ばれる機関が公表している推計値のことで、カロリーを尺度として、健康な生活に必要な栄養を摂取していない人々の数を意味します。

二〇一四年から二〇一六年までの期間を対象とする推計結果によれば、世界の栄養不足人口は七億九五〇〇万人でした（表2-1）。二〇一六年の世界人口は七三億人と推計されていますから、一一％、つまり九人に一人が栄養不足の状態なのです。

九人に一人という数字は、日本のみなさんには現実感が乏しいかもしれません。なぜならば、栄養不足人口の九八％は発展途上国の人々だからです。とくにサハラ砂漠以南のアフリカとインドやバングラデシュなどからなる南アジアでは、いずれも実数で二億人を超え、総

表 2-1　世界の栄養不足人口の分布

（単位：億人）

2014-2016 年	
世界計	7.95
先進国	0.15
発展途上国	7.80
北アフリカ	0.04
サブサハラ・アフリカ	2.20
西アジア	0.19
南アジア	2.81
コーカサス・中央アジア	0.06
東アジア	1.45
東南アジア	0.61
ラテンアメリカ	0.27
カリブ海域諸島	0.08
オセアニア	0.01

資料：FAO, The State of Food Insecurity in the World 2015

人口に対する割合もそれぞれ二三%、一六%に達しています。栄養不足人口は基本的には途上国の問題であり、とくに食料を確保する経済的な基盤に乏しい貧困層の問題なのです。

現実感が乏しいかもと述べましたが、実は私たちが暮らす東アジアの栄養不足人口も一億四五〇〇万人という大きさなのです。どの国でしょうか。北朝鮮を思い浮かべた人が多いかもしれません。たしかに北朝鮮の栄養不足人口の割合は三分の一を超えていて、もっとも深刻な国のひとつです。けれども、そもそも総人口が二五〇〇万人ですから、一億四五〇〇万人の栄養不足を説明することはできません。

答えは中国です。沿海部を中心に目覚ましい経済成長が注目される中国ですが、内陸部には貧しい生活を営む人々が数多く存在しています。一四億人に迫る世界最大人口の国である点ともあいまって、栄養不足人口も一億人以上と推計されているのです。

(2) 食料の国際協力と農学

栄養不足人口は、農学と深いかかわりがあります。もう少し正確に表現するならば、栄養不足問題の克服には食料生産を支える農学が貢献できる要素が少なくないのです。国際社会では食料をめぐる途上国の支援が重要なテーマであり続けていますが、具体的な取り組みには農学が深く関係しているのです。たとえば、高い収量を実現する新品種の開発と途上国への普及は、農学の中心的なテーマにほかなりません。この側面については、のちほど「緑の革命」という代表的な例を紹介することにしましょう。

農業生産の拡大には、農地の開発や灌漑（かんがい）排水施設の整備も重要な役割を果たします。とくに水田の開発と農業用水システムのレベルアップは、水田農業の歴史の長い日本の得意技です。稲作の比率の高いアジアの国々では、農業土木や農業機械を専門とする農業工学分野の技術者を中心に、日本からの支援が途切れることなく続いているのです。雨頼みで水量が不安定な水田（天水田と言います）に河川や湖沼からの用水路を導入することで、稲作の収量が格段に向上した事例も少なくありません。

食料をめぐる国際協力という点では、人材の育成も重要です。農業の場合、その地域の風土に合った技術の開発を求められるケースが少なくありません。少なくないどころか、ほとんどのケースがそうだと言うべきかもしれません。ある国で優れた成果をもたらした技術であっても、気象や土壌の条件の異なる別の国ではまったく役立たずということがあるのです。

こんな農業の特質を踏まえるならば、地域の自然条件をよく承知している現地の人々のスキルアップを図ることの重要性が理解できると思います。その国で生まれ育っていれば、農家の思考法や行動様式にも通じているはずです。この点も新技術の普及にあたって念頭に置くべき要素なのです。

農学系の大学院では、留学生も学んでいます。その多くはアジアやアフリカの途上国出身の若者です。私にもフィリピン、バングラデシュ、スーダン、コートジボワールなどの留学生を指導した経験があり、最近もモザンビークの学生を教えていました。

専門としている農業経済学の分野では、直接に技術開発の人材を養成するわけではありません。けれども、新技術の普及を支える制度や経営改善に必要な金融システムなどの面で、農業経済学も間接的に農業の発展に貢献しているのです。

むろん、大学院の自然科学系の研究室では、植物育種・作物栽培・土壌肥料・農業土木など、生物学・化学・物理学がベースの教育が行われています。奨学金制度など、留学生が安心して学ぶための支援策も国際協力の大切な要素なのです。

(3) 緑の革命

七億九五〇〇万人の栄養不足人口を知って、暗澹とした気分になった読者もいるかもしれません。たしかに深刻な状況ではあります。けれども、全体として事態が改善されていることも事実なのです。

ＦＡＯは同じ基準による推計作業を一九九〇年代初頭までさかのぼって行っています。その結果によれば、一九九〇年から一九九二年の栄養不足人口は一〇億一一〇〇万人、総人口に占める割合は一九％だったのです。その後は時期によって増加に転じたこともありましたが、大局的なトレンドとしては減少基調にあったことを確認できます。むろん、依然として深刻な状態ではありますが、食料の増産と貧困の克服の両面でそれなりに前進があったことは認めてよいでしょう。

時代はさらにさかのぼりますが、食料の増産に農学が大きく貢献した代表的な例が「緑の革命」と呼ばれる国際協力の取り組みです。緑の革命はメキシコシティで産声を上げました。第二次世界大戦中の一九四四年に、四人のアメリカ人農学者によって小麦の品種改良の研究がスタートしたのです。まもなく高収量の新品種として実を結び、メキシコの食料事情を大きく改善することになります。その後も新品種に改良が加えられ、一九六〇年代半ば以降になると、小麦を主食とするインドやパキスタンでも急速に普及したのです。

研究開発の中心的なメンバーだったノーマン・ボーローグ博士（一九一四〜二〇〇九年）は、一九七〇年にノーベル平和賞を受賞しました。ここにも緑の革命に対する国際社会の高い評価が表れています。研究所は現在も「国際トウモロコシ・コムギ改良センター」として精力的に活動しています。

緑の革命の第二幕の舞台はアジアであり、作物は稲でした。一九六〇年にフィリピンの首都マニラの郊外に設立された国際稲研究所を拠点として、品種改良の研究が精力的に行われることになりました。早くも一九六六年には在来種の数倍の収量をもたらす新品種の開発に成功します。稲の育種の研究は引き続き取り組まれ、アジアの発展途上国の稲作の生産性は大きく改善されることになりました。研究所はいまなお高レベルの活動を続けていて、日本の農学研究者も大いに貢献しています。

ところで、国際稲研究所で開発された新品種の栽培には、多量の窒素肥料の投入が必要でした。窒素肥料が確保できない状態では、在来品種よりも収量が劣っていたのです。十分な肥料をタイミングよく施用する行動が高収量の鍵を握っていたわけです。ここは育種学の分野ではなく、栽培学の守備範囲です。

もうひとつ、水田に適量の肥料を維持するためには、農業用水をコントロールできなければなりません。すぐに水が流れ出てしまう田んぼでは、投入した肥料もいっしょに失われてしまうからです。これは灌漑排水システムの課題であり、農業工学の専門領域です。農業の技術革新はさまざまな専門領域の共同作業の結果として実現しているのです。

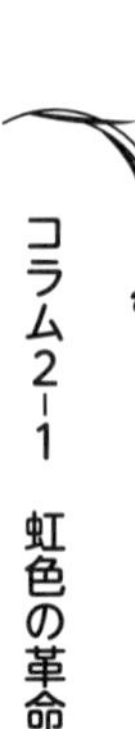

コラム2-1　虹色の革命

緑の革命は途上国の食料事情の改善につながりました。気になるのはアフリカです。緑の革命の恩恵が届いていない空白の地域だったのです。

そこに希望の光が射し込んできました。たとえば今世紀に入って本格的な普及が始まったネリカ米。乾燥に強い西アフリカの稲と収量の多いアジアの稲を掛け合わせて開発された品種群のことで、ネリカとはNew Rice for Africa(アフリカのための新しい米)の略語です。日本の技術援助も重要な役割を果たしています。

ただし、米だけでは足りません。アフリカの主食は実に多様だからです。小麦やトウモロコシのほか、キャッサバ、ヤムイモ、タロイモといったイモ類が多いことも特徴です。

アフリカに必要なのは単一の作物を標的にした緑の革命ではなく、さまざまな作物を視野に入れた虹色の革命。――これは農学研究者の岩永勝さんの持論です。岩永さんは、緑の革命を推進したメキシコの研究機関を継承した国際トウモロコシ・コムギ改良センターの所長を長く務められました。それだけに含蓄がありますね。

2 経済成長とどう向き合うか

⑴経済成長と食生活の変化

先ほど述べたように、栄養不足人口は主として途上国の貧困層の問題でした。これを克服するための取り組みについて、農学が貢献できる領域が少なくないことも理解できたと思います。

では、栄養不足人口が基本的に過去の問題になった先進国では、農学にどんな役割を果たすことが期待されているのでしょうか。むろん、食料生産をめぐる国際貢献は引き続き大切な任務です。ここで考えてみたいのは、自国の農業や食料とのつながりのもとで農学に求められている役割についてです。

ところで、国全体の所得総額が増加することを経済成長と表現します。みなさんも、経済成長率という言葉を聞いたことがあると思います。一〇〇兆円の国民所得が一年後に一〇五兆円に伸びれば、年成長率は五％というわけです。そして、先進国とは、長年の経済成長の結果、国民が高水準の所得を享受している国のことを言います。

ただし、豊かな生活の指標という意味では、物価の上昇分を差し引いたのちの所得に着目することが重要です。このような所得のことを実質所得と呼んでいます。もうひとつ、豊かさの尺度としては、国全体の所得総額よりも国民一人当たりの所得にリアリティがあると言うべきでしょう。

この点がとくに大切なのは、人口増加率の高い途上国の場合です。仮に国全体として年率二％の所得増があったとしても、人口が四％増加していれば、一人当たりで二％の所得減になってしまうからです。

どうやら私の専門の経済学の話に入り込みすぎたようです。本題に戻りましょう。日本の経験を例にとりながら、経済成長が食生活にもたらした変化を振り返ることにします。

表2-2を見てください。細かな数字がぎっしり並んでいる表ですが、あえて掲載することにしました。日本の食生活がどれほど大きく変化したかを知ってもらいたいからです。起点を一九五五年としたことにも意味があります。一九五五年は、戦後の高度経済成長がスタートした年だったのです。

一人当たり実質所得は、一九五五年を基準として二〇一五年には七・五倍になりました。大きく伸びたのは高度成長期とその後の安定成長期の一九九〇年ごろまでであり、一九五五年対比で一九九〇年には六・八倍になっていました。ともあれ、この国の人々はかつての何

表2-2　１人当たり年間消費量の推移

（単位：kg）

年度	1955	1960	1970	1980	1990	2000	2010	2015
米	110.7	114.9	95.1	78.9	70.0	64.6	59.5	54.6
小麦	25.1	25.8	30.8	32.2	31.7	32.6	32.7	33.0
いも類	43.6	30.5	16.1	17.3	20.6	21.1	18.6	18.9
でんぷん	4.6	6.5	8.1	11.6	15.9	17.4	16.7	16.0
豆類	9.4	10.1	10.1	8.5	9.2	9.0	8.4	8.5
野菜	82.3	99.7	115.4	113.0	108.4	102.4	88.1	90.8
果実	12.3	22.4	38.1	38.8	38.8	41.5	36.6	35.5
肉類	3.2	5.2	13.4	22.5	26.0	28.8	29.1	30.7
鶏卵	3.7	6.3	14.5	14.3	16.1	17.0	16.5	16.7
牛乳・乳製品	12.1	22.2	50.1	65.3	83.2	94.2	86.4	91.1
魚介類	26.3	27.8	31.6	34.8	37.5	37.2	29.4	25.8
砂糖類	12.3	15.1	26.9	23.3	21.8	20.2	18.9	18.5
油脂類	2.7	4.3	9.0	12.6	14.2	15.1	13.5	14.2

資料：農林水産省「食料需給表」　注：１人１年当たり供給純食料

倍もの品物やサービスを生産し、消費するようになったのです。

その結果として食生活も激変しました。とくに果実や畜産物や油脂類の伸びが著しかったことがわかります。逆に減ったのは米の消費量です。一九六二年の一一八キログラムを頂点に減少傾向が続き、今日ではピーク時の半分を割っています。

データを注意深く眺めてみると、消費が著しく増えた品目の多くは二〇〇〇年前後に天井に達し、むしろいくぶん減少していることも確認できます。高齢化の影響もあるはずです。加えて、日本人の多くは人種的にモンゴロイドですが、そんなモンゴロイドの食料消費の飽和点を示している面もあるように思います。

さて、経済の成長に伴う食生活の変化については、表に示した食材の構成の変化に加えて、加工食品や外食の割合が上昇した点も指摘しておく必要があります。二〇一一年のデータですが、年間の飲食費の支出額七六兆円のうち、生鮮品に向けられたのは一六％に過ぎず、加工品が五一％、外食が三三％に達しているのです。この場合の生鮮品には肉や米のような加工されていない食材も含まれています。それでも一六％なのです。

経済の成長によって、調理や食事の場所も大きく変わりました。象徴的な例ですが、かつてのおむすびは家でにぎって外で食べるものでしたが、現代の都会の生活者のあいだでは、コンビニなどで買って家に持ち帰る食品のひとつになっています。

(2)経済成長と産業構造の変化

経済成長は食生活を大きく変え、それが畜産や果樹の伸びといったかたちで農業の部門構成の変化にもつながりました。

ところで、低所得国としての停滞から離陸し、経済の成長局面に移行する段階においても、農業が果たす役割には大きいものがあります。日本では明治から昭和の初期にかけて、絹製品や茶の輸出で外貨を稼いだことが知られています。農業が重い税負担に耐えることで、産業発展の礎が築かれたことを確認した実証研究もあります。

けれども経済成長が軌道に乗るにつれて、農業は一面では受け身の対応を迫られることになるのです。それは経済成長を牽引する製造業の第二次産業やサービス業の第三次産業の労働力需要が急速に増大し、農業や林業といった第一次産業が働き手の供給源として機能することにほかなりません。

日本だけではありません。経済成長によって所得の水準が高まるとき、その国の就業人口に占める農業の割合が低下する傾向は、所得水準の異なる国を比較した場合に、あるいは特定の国について時間を追って経済成長を追跡した場合にも、広く観察される現象なのです。

このような現象の背後では、第二次産業や第三次産業の賃金の上昇が生じているのが普通です。事業を拡大したいにもかかわらず、人手が不足しているからです。そして、上昇した賃金に引きつけられて、農業や林業から他の産業への労働力の移動が促進されるわけです。まさに日本でこのプロセスが急速に進んだのが、高度成長期から安定成長期にかけて、つまり一九五〇年代から八〇年代のことでした。

ただし、多くの農村では、農家の兼業化の流れが広がったところに際立った特徴がありました。兼業農家という言葉を、聞いたことがありますか？　平日は会社や工場などに勤務しながら、週末や農繁期には農作業に汗を流すスタイルです。

経済成長のはじめのころの兼業には、農閑期だけ臨時で雇用されるかたちや冬期の出稼ぎといったかたちが多かったのですが、時代の移り変わりとともに、フルタイムで農業以外の仕事に従事しながら、農業はもっぱら休日にというライフスタイルが定着したのです。

日本の経済成長は、地方にも雇用機会が拡大したところに特徴がありました。つまり、大半の農村では通勤可能な範囲に働く場が増加したのです。おまけにマイカーが急速に普及したことも、兼業農家にとっては好都合でした。

こうした条件のもとであれば、農業以外の仕事に従事するにしても、家をたたんで住居を移動するのではなく、無理のない範囲で家の農業を継続しながら勤務先に通う方式が理にかなっていました。兼業農業は経済成長に対する農家の合理的な適応行動だったのです。

コラム2-2　蚕で外貨獲得

日本の近代化の過程では、農業が大きな役割を果たしました。とくに発展の初期段階には、生糸や蚕種（蚕の卵）の輸出が外貨の稼ぎ頭でした。横浜港で貿易が開始された一八五九年から明治維新の一八六八年までの一〇年間、日本の輸出に占める生糸類の割合は七割から八割に達していたのです。

稼ぎ頭の地位は昭和初期まで続きました。生糸類に次ぐ輸出品目は茶でした。農業が外貨を稼ぎ、それが設備投資につながることで、当時の国策だった殖産興業が推進されたわけです。

もうひとつ付け加えると、近代化の時代の農業は農業以外の産業に比べて税の負担が重かったことも、専門家の推計によって確認されています。農業の所得に対する税の比率は農業以外の産業に比べてずいぶん高かったのです。明治期には農業への課税率が農業以外の産業の七倍だったこともあります。輸出品目以外の農業も、日本の近代化を支える役割を果たしたわけです。

⑶経済成長と農学の変化

ここまで、経済成長をキーワードに時代の流れを振り返ってみたわけです。むろん、学問が時代の流れに振り回されてはなりません。農学も例外ではありません。けれども、衣食住の生活必需品と深くかかわる実学としての農学にとって、時代の基本的なニーズの転換をしっかり受け止めることも大切です。経済成長による社会の変化とともに、農学の世界にも新しい動きが現れたことも間違いありません。

食生活の変化は、たとえば畜産分野の研究の活発化につながります。経済成長とともに畜産物の消費量が飛躍的に伸びたからです。畜産の現場で活躍する獣医師の育成は、以前にも増して農学教育の重要な役割になりました。

図2-1 『動物のお医者さん』（佐々木倫子、白泉社）

食生活の変化とは別の話ですが、獣医師の養成という点では、伴侶（はんりょ）動物、つまりペットの獣医を目指す女子学生の増加も多くの農学系の学部が経験しています。一九八七年から一九九三年にかけて連載された人気漫画（まんが）『動物のお医者さん』（図2-1）は、伴侶動物を大切にする新しいライフスタイルが農学教育にも影響を与えている様子を伝えてくれました。

逆にニーズが縮小するケースもあります。典型的には稲の収量を増大するための研究開発です。消費量の減少によって、とくに一九七〇年に米の生産を抑制する減反政策が本格化して以降、稲の育種や栽培の研究開発の重心は収量の増加から良食味の実現へと大きくシフトしたのです。

図2-2　真空ポンプを利用した搾乳
（写真：123RF）

経済成長の進展が農学に要請した研究開発には、農地面積当たり、あるいは家畜頭数当たりの労働時間をできるだけ減らす技術、すなわち省力型の技術の創出がありました。さきほど、経済成長のプロセスでは人手が不足し、賃金も上昇することを述べました。それだけ労働力が貴重な資源になったわけです。そんな希少化した資源を節約することは合理的であり、

図2-3　田植機の作業(写真：123RF)

労働の節約につながる新たな技術の導入が進みました。

具体的には圃場(ほじょう)で活躍する農業機械の導入であり、酪農経営の多頭化を支えた搾乳(さくにゅう)施設、たとえば真空ポンプを利用したパイプラインミルカーの導入などです(図2-2)。その多くはすでに海外で開発されていた機械・施設の普及のかたちをとりましたが、欧米人に比べて小柄な日本人の体形に合わせることや、水田の湛水(たんすい)状態のもとでの作業を可能にするなどの工夫が必要でした。むろん、田植機(図2-3)のような日本独自の発明もありました。

労働を節約する技術、言い換えれば、農業従事者一人当たりの耕作面積や飼養頭数を増やす技術として、機械や施設の開発・改良が農学研究の重要な任務になったのです。

図2-4　先進的なガラスハウス(写真：123RF)

開発・改良だけではありません。新たに導入される機械体系を前提に、農場全体の規模や作付け体系のプランを練り直す作業も必要になります。この仕事は農業経営学が取り組んできた課題なのです。さらに日本の稲作の場合、小型の田植機や収穫機を導入することで、兼業農家の農作業が容易になったことも見逃せません。

近年の労働節約型の技術開発には情報処理技術の活用があります。たとえばガラスハウス(図2-4)を利用した先進的な施設園芸では、各種のセンサーが内部の気温や炭酸ガスの濃度などを把握し、自動灌水(かんすい)装置などによって栽培環境を精密にコントロールする仕組みが現実のものになっています。

これも人間による作業の手間を大きく省いて

いる点で、労働節約的な新技術と言ってよいでしょう。ただし、従来の省力型の機械・施設が主として筋肉労働に置き換わっていたのに対して、情報処理技術は頭脳労働を節約している点がユニークなところです。

3 環境問題とどう向き合うか

(1)経済成長と資源環境問題

図 2-5 マルサス

みなさんは、マルサスの人口論を知っていますか? マルサス(図2-5)は一八世紀から一九世紀にかけて活躍したイギリスの経済学者ですが、今日では『人口論』の著者としてよく知られています。その議論の基本にあるのは、人口は等比的に二、四、八、一六、三二といったかたちで増加するのに対して、食料は等差的に二、四、六、八、一〇といったテンポでしか増やすことができないため、どこかで食料が人口の制約要因として働くことになるという命題です。

　このように食料の不足が人口の制約要因となる状態は、栄養不足人口の問題と重なるところがあります。発展途上国の貧困層は、いまなおマルサスの命題の呪縛（じゅばく）から解放されていないとみることもできるのです。

　対照的なのが経済成長の恩恵を享受している先進国です。日本のように国外から大量に食料を調達する経済力のある場合を含めて、食料は十分に確保されています。農業の生産性向上が貢献してきたことも間違いありません。それに人口が等比的に増えることもなくなりました。先進国では人口転換と呼ばれる変化が生じたことで、少産・少死の段階に移行しているからです。

　周知のとおり、日本社会はすでに人口減少の時代を迎えています。いずれにせよ、現代の先進国で暮らす人々の多くは、食料に関するかぎりハッピーな状態にあるわけです。今後、高い所得を享受できる国や地域が増加することも望ましいと言ってよいでしょう。

　ところが、このように経済成長をさらに拡大する道筋に対して、強い疑問も投げかけられているのです。要約して表現するならば、経済成長は資源の有限性や環境の劣化によって、遅かれ早かれ壁に突きあたるとの指摘です。

資源や環境の制約を比較的早い時期に提起したことで知られているのは、一九七二年に発表されたローマクラブのレポート『成長の限界』です。ローマクラブとは一種の国際賢人会議のことです。その影響力は大きく、レポートは多くの言語に翻訳され、今日まで読み継がれてきました。大学生だった私もかなり力を入れて読んだことを記憶しています。

議論のポイントは、石油などの天然資源の制約のもとで、人口の増加と経済活動の拡大はいずれ地球社会の破たんを招くというところにありました。マルサスが食料生産の有限性、さらにはその背後にある土地の有限性に着目したのに対して、『成長の限界』は天然資源の有限性にスポットライトを当てたわけです。

ローマクラブの警鐘を受けて、資源の有限性に対する認識が急速に高まるとともに、自然環境の劣化にも強い関心が寄せられるようになりました。そんな流れの中で、人々の認識を大きく塗り替える概念が提案されたのです。一九八七年のことでした。

この年、当時のノルウェーのブルントラント首相が委員長を務めた国連の「環境と開発に関する世界委員会」が『Our Common Future』というタイトルの報告書を公表したのです。報告が一躍世界に知れ渡ったのは、持続可能な開発という概念を提唱していたことによります。

原語はsustainable developmentです。英語のdevelopには自動詞の「発展する」と他動詞の「開発する」の意味がありますから、持続可能な発展と訳すこともできます。

みなさんもおそらく見聞きしたことがある概念だと思いますが、あらためて報告書の定義の部分を翻訳しておきましょう。持続可能な開発とは「将来の世代がそのニーズを満たす可能性を損なうことなく、現在の世代のニーズを満たすような開発」のことなのです。地球の資源環境問題は世代間の公平性の問題でもあるのです。

(2)環境の変化と農林水産業

さまざまな領域で人間の活動に起因する環境の変化が生じています。ここ日本でも河川や湖沼の水質汚濁が発生し、都市部を中心に大気の汚染が深刻な問題になりました。いまなお過去形では語れない現実もあります。水質や土壌の汚染が農業生産に与える影響について、科学的な根拠に基づいて評価することは現代の農学の課題のひとつなのです。

農業だけではありません。水産業も水系の環境変化には神経をとがらせています。環境汚染が地域の漁業に致命的なダメージを与えるケースもありうるからです。

農学が対象とする農林水産業にはひとつの共通の特徴があります。それは開放系で営まれる産業だという点です。対照的な産業として、製造業を思い浮かべてみてください。工場という閉鎖空間で生産されるのが普通ですね。これに対して農業・林業・水産業は開かれた空間で、大気や水系や地下の土壌といった環境と接しながら行われているのです。漁業にあっては、海洋や河川という環境そのものが産業の舞台だとみることもできます。

むろん農業にも、ガラスハウスのような施設園芸や畜舎で行われる施設型畜産のように、外部環境からある程度遮断（しゃだん）された空間で営まれる部門もあります。けれども多くの農産物、とりわけ穀物や大豆や飼料作物のような基礎的な農産物は農地という開放系で生産されているのです。考えてみれば当たり前のことを確認したわけですが、開放系という点こそが環境からの影響を回避できないことにつながっているのです。

さまざまなレベルで環境の変化が生じています。地球レベルでは、温暖化が問題視されていることも知っていますね。ただし、地球の温暖化が進んできたことは事実ですが、その原因について、したがって対策のあり方については議論があることも認識しておくべきでしょう。議論そのものを冷静に受け止めることが大切なのです。けれども農業について言うならば、すでに気候変動にどう適応すべきかが具体的に問われていることも否定できません。

たとえば、九州では稲穂に実がなる登熟（とうじゅく）期の気温上昇による米の品質低下が問題視されています。あるいは、温暖化によって果樹の適地が北に向かって移動していくことも考えられます。

これらの温暖化の影響は、農学に新しい研究テーマを投げかけています。農業の研究機関では、温暖化による品質劣化を回避する稲の品種改良の研究が成果を生み始めていますし、果樹の立地移動の問題についても、リンゴやミカンを例に栽培適地の移動を具体的に予測する研究が試みられているのです。

このように農林水産業にとって環境からの影響は宿命ですが、同時に環境に影響を与える作用にも注意を払わなければいけません。開放系で営まれることは、環境と産業のあいだに双方向の影響関係が生じることを意味しているのです。

いま述べた気候変動との関係では、森林は温暖化の原因とされる炭酸ガスを吸収することで、影響を緩和(かんわ)する役割を果たしているわけです。林業は産業活動であると同時に環境保全上の副産物を地球社会にもたらしているのです。

けれども、農業が環境に負荷を与え、環境の劣化を引き起こす面も見過ごすわけにいきません。環境負荷の小さい環境保全型農業の促進は、現代の農学でもっとも重要度の高い課題のひとつなのです。

⑶環境保全型農業と制度改革

欧米の先進国で環境保全型農業への取り組みが本格化したのは一九八〇年代の半ばのことでした。奇しくも同じ一九八五年に、EU(当時はEC)とアメリカが農業の法制度に環境保全型農業を促進する政策を導入したのです。すでに三〇年も前のことなのですが、農業が環境に負荷を与えている実態については、それ以前にも指摘されていました。

よく知られているのが、アメリカの生物学者レイチェル・カーソンによる『沈黙の春』です。一九六二年に出版された書物で、農薬による環境汚染について具体的かつ詳細に描き出したのです。

農業による環境への影響はずっと古い時代にまでさかのぼることができるでしょう。そもそも野草地や森林を耕地として開発したこと自体、自然環境の改変だったとみることもできます。けれども、肥料などの生産資材の大量投入で地域の水系の汚染といった問題が深刻化した点では、環境への負荷は現代の農業の特徴のひとつなのです。

生産資材の面積当たりの投入量の増加は、それによって高い収量を安定的に確保し、農業所得の向上をねらったことから生じています。

こうした農業生産の変化には農学の研究も深く関係しています。すでに触れたとおり、肥料の投入によく反応する品種を創出した点では、緑の革命による高収量品種にも在来品種に比べて環境への負荷が大きい面があったのです。

日本ではほとんど問題になることはありませんが、ＥＵでは草地に放牧される家畜頭数の増加も環境への負荷の原因だとされています。牛や羊の排泄物の量が増えることで、水系、とくに地下水の汚染が進むことが懸念されているのです。家畜の飼養密度の上昇についても、生産物の増加による農業所得の向上が強い動機として働いていました。

さらにＥＵの場合に典型的でしたが、畜産物の価格を政策的に高水準に維持していたことが、頭数増加の誘因として働いていたとも指摘されています。農家の所得確保を目的とする農業保護政策も、手法によっては環境への負の影響を伴うことになるのです。

肥料などの投入量を増やす誘因としては、作物を対象とする補助金にも同様の作用があったとみるべきでしょう。穀物価格を高い水準に維持する価格政策のもとで、ＥＵの小麦の面積当たり収量は飛躍的に伸びたのですが、同時に投入される肥料の量も大幅に増加したのです。

ＥＵで一九八〇年代半ばから具体化した環境保全型農業の促進策は、大きくふたつの要素から構成されていました。ひとつは環境保全型農業への動機づけです。生産資材の投入の少ない粗放な農業への転換を奨励し、転換による所得の減少分を補助する制度が設けられました。たとえば、小麦の栽培から牧草地への転換の奨励です。

もうひとつは増収・増頭の誘因として作用する価格支持政策を抑制し、増産への刺激の小さい農業所得支持政策を導入することでした。農産物自体の価格の支持から、面積当たり固定額の補助金や過去の生産実績に応じた補助金などへの移行が進みました。

こうしたＥＵの農業保護政策の転換は一九九〇年代に本格化し、現在に至っています。

コラム２―３　沈黙の春

レイチェル・カーソンの『沈黙の春』で印象的なのは、生物の食物連鎖（れんさ）による農薬汚染の蓄積についての記述です。たとえばアメリカのワシの減少について、「ＤＤＴ（有機塩素系の殺虫剤）に汚染された川の魚類を捕食したことが原因だ」と述べています。

アメリカだけではありません。イギリスでは鳥類だけでなく、多数のキツネがやはり食物連鎖を通じてディルドリンなどの農薬で死んだとされたのです。

このような書物でしたから、反響も大きいものでした。農薬を製造していたメーカーからは猛烈な反論も返ってきましたし、強い関心を寄せた当時のケネディ大統領によって調査委員会も設置されました。

このように社会の環境問題への関心を一挙に高めた点で『沈黙の春』は画期的でしたが、それでも欧米で環境保全型農業が本格的に推進されるまでには二〇年の歳月を要したのです。

(4) 二兎を追うモンスーンアジア

ＥＵの新たな政策には際立った特徴がありました。それは農業の生産量が減少することを容認する姿勢です。むしろ、減産を歓迎していたと言ってもよいでしょう。

なぜならば、政策転換が図られた当時のＥＵでは農産物の過剰問題が深刻化していたからです。穀物・牛肉・牛乳乳製品などが問題になっていました。このうち牛乳乳製品については、一九八四年に酪農家に対する搾乳量の割当制度であるミルク・クォータが導入されています。

農業生産を粗放化し、生産資材の投入を抑制することは、環境への負荷を軽減するとともに、農産物過剰の解消にもつながるわけです。いわば一石二鳥の制度転換でした。減産を容認し、農業の粗放化を支援する点では、アメリカの環境保全型農業の推進策にも共通する面がありました。

じつは、いま述べた点に日本の環境保全型農業の難しさがあり、農学の挑戦的な課題があります。すなわち、環境への負荷を軽減するとともに生産物の増産、あるいは、少なくとも従前の生産量の維持に取り組むことが求められているのです。

日本の食料自給率が低いことはみなさんも知っているでしょう。先進国の中ではもっとも低い水準のグループに属しているのです。二〇一六年度のデータによれば、カロリーを物差しとして食料全体を集計した供給熱量自給率が三八％、経済的な価値つまり価格を物差しに集計した生産額自給率が六八％でした。だから、環境と生産の二兎(にと)を追わなければならないというわけです。

日本の農業にはもうひとつ難しい問題があります。それはモンスーンアジア特有の湿潤な気象条件のもとでの農業だという点です。温度と湿度の高い気象条件は雑草の繁茂につながりやすく、作物に害をもたらす病害虫にとっても好適な環境なのです。多くが乾燥地帯に立地しているヨーロッパや北米の畑作中心の農業とは対照的です。

日本の農業は、それだけ除草や病害虫防除に神経を使わなければなりません。欧米の畑作に比べて、農薬の使用量が多いことも知られています。

いま述べた環境保全型農業実現の難しさは、湿潤な気象条件を共有するモンスーンアジア全体に当てはまると言ってよいでしょう。さらに付け加えるならば、食料の海外への依存度の高さという点、したがって、二兎を追うことが必要だという点でも、モンスーンアジアには共通項があるのではないでしょうか。

韓国や台湾の食料自給率はすでに日本と同様に低水準に移行しています。今後の経済成長が順調に進むならば、東南アジアの国々においてもお米が基本の質素な食生活に変化が生じ、食料の海外依存度を高める力が働くものと考えられます。国内の食料生産の持続性をいかに確保するかは、モンスーンアジア共通の課題になる可能性が高いのです。

既存の農業技術のもとで環境保全に力を入れるならば、生産量の減少を受け入れる必要があります。逆に増産を図るとすれば、環境への負荷の高まりを避けられない。これまで述べてきたことは、こんなかたちでまとめられます。環境保全と生産増加のあいだにはトレードオフの関係があるのです。あちらを立てれば、こちらが立たずというわけです。

ただし、この命題のポイントは「既存の農業技術のもとで」という点にあります。つまり、トレードオフを克服し、二兎を手に入れようとすれば、農業技術そのものを変えることが必要なのです。環境負荷の低減と生産量の維持・増大の両者を念頭に置いた研究開発が求められているわけです。

新品種、新たな栽培方式、病害虫防除の新技術、環境負荷の小さい生産資材の開発など、実践科学としての農学が真価を発揮すべき領域だと言ってよいでしょう。

4　農業・農村とどう向き合うか

⑴農業・農村は生きたフィールド

この章では、途上国の食料問題と国際協力、経済成長と食生活・農業の変化、環境問題と農業政策・農業技術など、さまざまな角度から農学の社会的な役割について考えてきました。私自身の経験を踏まえて、みなさんが農学に関心を寄せる切り口を意識したつもりです。

むろん、社会的な役割などといった肩肘(かたひじ)張った道筋ではなく、日常生活の中で得た印象や着想から農学への興味が湧いてきたという読者も多いはずです。なかには農業の現場に触れた体験や農村に滞在した経験が、農学の扉を叩いてみようとの思いにつながったケースもあるでしょう。

日本の農業の特徴のひとつとして、非農家の人々も容易に生産の現場にアクセスできることがあります。都市と農村が近いのです。地方の町と村が近いだけではありません。東京や大阪のど真ん中は別でしょうが、県庁所在地の都市でも、車で三〇分も走ることで稲や野菜や果樹を身近に観察できるはずです。

農産物の直売所もおなじみの農村風景になりました。休日を中心に、近隣の町からのリピーターで繁盛しています。二〇一〇年の時点で全国に一万六八一六の直売所が開設されていました。一市町村当たり一〇の店舗ですね。

もうひとつ、農村に非農家の世帯が多いことも見逃せません。中山間地域と呼ばれる山沿いの農村であっても、農家率は意外に低いのが普通です。農村在住の非農家の人々にとって、農業は目と鼻の先というわけです。

農業・農村にアクセスしやすいのは日本の特徴だと述べましたが、ヨーロッパの農村に通じる点でもあります。国や地域によって程度の差はありますが、都市から農村へのアクセスがよいことから、手軽に滞在できる農家民宿が発達しています。また、非農家の世帯が多い点も日欧の農村に共通すると言ってよいでしょう。

このあたりはオーストラリアやアメリカ中西部の農業地帯との比較によって納得することができます。新大陸のオーストラリアやアメリカでは、広大な未開の地を切り拓(ひら)いて数百ヘクタール、数千ヘクタールの大規模農場が生み出されたことから、農業地帯の人口密度は低く、農場の多くも都市から離れて立地しているのです。

身近な農業・農村やこれを取り巻く森林などの生態系は農学のフィールドです。教室で学んだ新技術を自分の目で確かめることができます。農業と環境の関係をめぐる知識も、現場の生産システムと生態系の観察を通じて深い理解に到達できるはずです。

あるいは、農村集落の役員から聞き取りを行うことで、現代の村社会の実態に触れることも可能です。農学には農村社会学といった領域もあるのですが、このような現場との交流によってリアリティのある学問になるわけです。

農業・農村は多くの研究課題が待ち受けている点でも農学の生きたフィールドです。先進的な農業経営が研究に期待を寄せている技術もあるはずです。農学が生み出した新しい技術が想定どおりに普及しない場合も少なくありません。どこにネックがあるのでしょうか。あるいは、まとまりのある農地の集積を行うためには、どのような手順で地域の合意形成を図ればよいのでしょうか。

このような現場のさまざまな課題との出会いは、しばしば新たな研究テーマの設定につながります。しかも現場の課題自体が時々刻々変化しています。農業・農村はまさに生きたフィールドなのです。

(2)農業の新たな潮流

農学は農業・農村に育まれてきた学問であり、農業・農村への貢献を重要なミッションとする学問です。さらに、農業は食料生産を通じて安定した国民生活を支えています。また、農村は豊かな自然と深い人情に満ちた空間として、日本固有の伝統的な社会を継承してきました。農学はけっして派手な学問ではありませんが、そんな農業・農村の縁の下の力持ちのひとつであることで、健全な国民生活と日本社会の持続に微力を尽くしてきたとの自負もあります。

だから、農業と農村の現状を知ることは、農学に関心を寄せる人々にとって必須の作業だと言うことができます。以下では、農業のふたつの新たな潮流を紹介することで、読者の関心に多少なりとも応(こた)えることにしたいと思います。

　農業の新しい潮流のひとつに、農業経営が農業の川下に位置する食品産業の事業を取り入れる動きがあります。食品産業とは食品製造・食品流通・外食の三つの産業のことですが、何も大げさなことではありません。農家がもち米を餅(もち)に加工すれば立派な食品製造業ですし、自分で農産物を販売する農業経営は食品流通業の一端を担(にな)っているわけです。あるいは、農場に農家レストランを併設すれば、外食産業に進出したことになります。

　第2節で紹介しましたが、今日の食生活では飲食費に占める加工品や外食の比率が八割を超えています。その分野に農業経営のビジネスのウィングを広げるのは、ひとつの自然な流れだと言えるでしょう。

　第一次産業の農業に第二次産業の食品製造や第三次産業の流通・外食が加わることから、こうした流れを六次産業化と表現することもあります。一＋二＋三あるいは一×二×三で六次というわけです。

　このように農業の川下に位置する産業を取り込むことは、そこで形成されている付加価値を農業経営が手にすることを意味します。結構なことだと思うかもしれませんが、そんなに簡単ではありません。

農産物の加工や食事の提供には資格が必要な場合がありますし、食品安全の基準の順守も求められます。そもそも消費者に喜ばれる製品を提供することについても、甘い考えは禁物でしょう。ときには価格の設定自体が難問になるのです。

やや角度を変えてみるならば、川下の食品産業に進出することは、農業経営が消費者に接近することにほかなりません。顧客（こきゃく）のニーズに向き合うことで、農業経営者の判断力や構想力が鍛えられると言ってもよいでしょう。そこに充実感を得ている農業者も増えているのです。

農業のもうひとつの新潮流は、非農家出身者の就農が拡大していることです。二〇一六年の新規就農者のうち四〇歳未満の若い世代は一万五三四〇人だったのですが、そのうち自分の家の農業で働き始めたのは四八％の七三五〇人でした。残る五二％は農業法人などで働く雇用就農者として、あるいは自分で農業を起業するかたち、すなわち新規参入者として就農しているのです。その大半は非農家出身者だとみてよいでしょう。

対照的なのが三万二三〇〇人に達している六〇歳以上の新規就農者です。新規就農と聞くと若い人を連想しがちですが、新規就農者の半数は六〇歳になって以降の就農なのです。そして、こうした中高年就農者の九四％は、自分の家で農業を行っています。定年や早期退職で家の農業に力を入れ始めたケースが多いと考えられます。健康寿命を延ばす意味でも、これはこれでよい傾向ではないでしょうか。

非農家出身者が農業に取り組む動きと並んで、農家として営まれる家族経営にも着実に変化が訪れています。農業は長男が継ぐものだという通念は、すでに過去のものになったのです。少なくとも現代の若者のあいだでは通用しません。次男が農業を引き継ぐこともありますし、兄弟による共同の農業経営もあります。いまのところレアケースですが、姉妹による優れた農業経営に出会ったこともあります。

長男が継承している場合も、農業の仕事にやりがいを感じたからこそ就農したのです。農業は職業として選ばれる仕事のひとつになったと言うべきでしょう。

先入観にとらわれない若者の就農と成長は、日本の農業と農村を着実に変えていくに違いありません。農業の現場からの情報の発信に威力を発揮しているのは若者です。消費者に接近する農業経営では、しばしば女性の鋭い洞察力が製品の工夫や販売戦略の新機軸を生んでいます。こうした新たなパワーに接することができるのも、農業・農村を生きたフィールドとする農学の今日的な強みであり、楽しさなのです。

第3章

食料科学の新たな役割を考える

太田寛行
茨城大学農学部

農場実習でのタマネギの収穫風景
(茨城大学農学部附属フィールドサイエンス教育研究センター提供)

1　食料科学って何だろう

本章に入るにあたって、一つ質問です。いきなりですが、生きるとはどういうことでしょうか？

その答えとして、たとえば、野生動物の世界を想像するのがいいでしょう。みなさんの多くは、弱肉強食の世界を思い起こすと思います。弱肉強食の食う－食われるの関係は、一つの生命の死がもう一つの生命の存続につながっていることを示しています。すなわち、生きるとは「食べること」と言えます。

生物学的に考えると、外部から栄養分を摂取して成長し、子孫を残すことです。人間が食べるものは食料と呼ばれます。似た言葉で「食糧」がありますが、これは主に穀物をさします。

さて、食料の多くは農業の生産物であることは言うまでもありませんね。農業を科学的に考えると、生物の生命現象を解明して利用し、その生物をうまく生長(成長)させるために、環境中から資材や資源を調達して投入し、さらに農薬や抗生剤等の人工化学物質も利用して、生物の生産を効率よく安定的に行う一連の行為と言えます。このように考えると、農業生産と地域環境との関係や、さらに地球環境にまで及ぶ関係が見えてきます。

そこで、本章では、環境の観点からスタートして、食料生産が炭素や窒素といった元素の循環と関係することを概観し、その循環のなかで土壌微生物が大きな役割を担っていることを説明します。次に、作物の栽培と土壌微生物の関係や、有用な微生物を利用する技術についても紹介します。

さらに、農薬などの人工化学物質を用いる問題点とそれを克服する新たな環境保全型農業技術の例も紹介します。本章のゴールは、食べることが地球環境の将来に結びついていることを理解することです。

食料科学にはもう一つの特徴があります。それは、私たちの自然探究への好奇心が駆動してきたサイエンスを基礎として、人類の飢餓を克服するために展開してきた応用的なサイエンスであるという特徴です。

このサイエンスの原動力の一つは、T・R・マルサス(一七六六～一八三四年)が著した『人口論』(第2章参照)です。マルサスの時代に一〇億人だった人口は一〇〇年後には二〇億人に倍増し、さらに増加スピードが速まって二〇一一年にはついに七〇億人を超えました。

このような加速度的な人口増加は、食料科学の成果が支えたものと言えます。しかし、決して飢餓の問題は解消されていません。第2章でも述べたように、国連の統計によれば、現在も九人に一人は飢餓で苦しんでいます。

2 化学でとらえる農作物生産

食料科学を支える分野に、化学があります。化学の素晴らしさは、元素記号や化学反応式で難しい生命現象を簡潔に表現できることです。

たとえば、植物は光のエネルギーを使い、二酸化炭素(CO_2)と水(H_2O)を材料にして、炭水化物(CH_2O)を作って酸素ガス(O_2)を発生していますね。これはご存知のように光合成と呼ばれる反応です。このような文章による説明を化学反応式で表現すれば、

CO_2(二酸化炭素)＋H_2O(水)＋光→CH_2O(炭水化物)＋O_2(酸素ガス)

というように簡単に表すことができます。農作物のイネやイモの場合、この炭水化物

(CH_2O)が私たちの食料であり、その主たる成分名はデンプンです。

化学的な観点で植物に必要な栄養素を調べると、二酸化炭素と水だけではありません。元素名で示すと、二酸化炭素と水に由来する炭素、水素、酸素以外に、窒素、リン、カリウム、カルシウム、マグネシウム、硫黄が必要であり、これら九種が必須元素であることがわかってきました。さらに、微量でも必要な元素として、鉄、マンガン、銅、亜鉛、ホウ素、モリブデン、塩素、ニッケルの八種類が知られています。

植物はここにあげた必須栄養素で生長しますが、その発見をさかのぼると、ドイツの科学者J・V・リービッヒ(一八〇三〜七三年)にたどり着きます。リービッヒは一八四〇年に著した『化学の農業および生理学への応用』(吉田武彦訳、北海道大学出版会、二〇〇七年)のなかで、植物は、光や二酸化炭素、水に加えて、土の中に含まれる少量の無機物のみで育つとする「植物無機栄養説」を発表しました。

その後、土を用いない水耕栽培によって、植物は無機塩だけで生長することが証明されました。このことから、人為的に無機栄養素を外から加えるという応用的なアイデア、すなわち「化学肥料」が生まれたのです。

外から栄養素を加えるとき、効果を得るためには知らなければならない法則があります。

図3-1　側板の長さがそろっていない桶(ドベネックの桶)に水を入れると、桶に貯まる水の量は一番短い側板の長さで決まってしまう。逆に言えば、一番短い側板が入る水の量を決めている。側板を植物の栄養素にたとえれば、一番少ない必須栄養素が植物の生長量を決めていると言える

これもリービッヒが明らかにしたもので、植物の生長量は様々な栄養素のなかで最も少ないもので制限される、という法則(最小律)です。

これをうまく表現した絵として、桶を形作る側板の長さがそろっていない桶(図3-1:「ドベネックの桶」と呼ばれます)を想像してください。そんな桶に水を入れても、入る量は一番短い側板の長さで決まってしまいますね。

最小律の考えは、より広範な学問分野に広がり、生態学では制限要因という概念になっています。

3　窒素をめぐる化学の展開と食料生産

こうした化学肥料に欠かせないのが窒素です。窒素は、タンパク質や核酸などの生命の基本物質を構成する元素です。

大気中には窒素ガス(N_2)が約八〇%も含まれていますが、植物や動物はこの窒素ガスを直接利用できません。しかし、化合物になると、利用できる場合があります。植物が利用できる主要な窒素化合物は、アンモニウムイオン(NH_4^+)と硝酸イオン(NO_3^-)です。

一九一三年、ドイツのＢＡＳＦ社は水素と窒素から、窒素肥料の原料になるアンモニアを合成する工業生産を始めました。それによって、窒素肥料の供給が飛躍的に高まりました。この生産法は単純な平衡反応を元にしています。

平衡反応とは、次のようなイメージです。水が入った二つの水槽の下部をパイプでつないだとき、片方の水槽に水を足しても、パイプ中を水が移動して時間が経てば、二つの水槽の水面の高さは同じになりますね。パイプを通して水が両方向に移動できる状態です。さて、窒素ガスと水素ガスを混ぜた容器の場合は水槽とは違って、同じ容器のなかでアンモニアができます。この化学反応式は次のようになります。

N_2(窒素ガス)＋$3H_2$(水素ガス)$\rightleftarrows$ $2NH_3$(アンモニア)

気体の場合、圧力と温度をコントロールすることで、この反応をアンモニア生成の方に進めることができます。その条件は、五〇〇℃、二〇〇～三五〇気圧という日常ではありえない条件です。この方法は「ハーバー・ボッシュ法」と呼ばれます。このような高温高圧の厳しい条件に耐える装置の設計や技術の開発があって、窒素肥料の増産とそれにつながる食料の増産があったことは言うまでもありません。

一九一三年に始まったアンモニア生産は年産七五〇〇トンでしたが、二〇一二年の世界のアンモニア生産量は一億七〇〇〇万トンに達しています。じつは、アンモニア生産の目的は窒素肥料だけではなかったのです。窒素は火薬の原料でもあり、戦争とも関係しています。第一次世界大戦の勃発は一九一四年であることを思い出してください。アンモニアの工業生産が始まった翌年なのです。画期的な技術が社会に役立ったと同時に、戦争拡大の悲劇にもつながってしまいました。

人口増加を支えたのは窒素肥料の増産だけではありません。一九六〇年代に、温帯域先進国の科学的な農業が、熱帯域や亜熱帯域の途上国に広がっていきました。この過程は第2章でも述べたように「緑の革命」と呼ばれています。コムギやイネが品種改良され、草丈を短くして子実の重量増加にともなう倒伏が克服されました。従来品種では、窒素肥料を増やすと収量も増えるのですが、多すぎると倒伏し、かえって収量が低下していたのです。改良品種では、従来品種では倒伏が起きてしまう窒素肥料の量でも倒伏せず、収量が上がるようになりました。

緑の革命は、アンモニアの工業生産(先述のハーバー・ボッシュ法)があってなされたと言えるでしょう。

4　窒素固定微生物の発見と利用

ここでもう一度、リービッヒの時代を振り返ってみましょう。じつは、リービッヒは、窒素肥料の重要性をよく理解していなかったのです。土壌窒素を増やすことが土地の肥沃化につながることを見つけたのは、英国ロザムステッド農業試験場のJ・B・ローズ(一八一四〜一九〇〇年)とJ・H・ギルバート(一八一七〜一九〇一年)でした。

窒素肥料不要説を唱えるリービッヒに対して、ローズたちは長きにわたって論争しました。さらに、ロザムステッドで続けられた畑地実験では、マメ科植物の栽培によって土壌窒素が増加することも示されました。マメ科植物を栽培すると土地が肥沃になるという経験が科学的に示されたのです。

一昔前までは、日本でも、水を張る前の田んぼにマメ科植物であるレンゲソウを栽培している風景がよく見られたものでした。レンゲソウは刈り取らずにそのまますき込んで肥料にするのです。

では、マメ科植物を栽培すると、なぜ土地が肥沃になるのでしょうか？　ローズたちの研究から四〇年くらい経って、マメ科植物の根に作られるこぶ状の根粒が、空気中の窒素ガスをアンモニアに変えていること(窒素固定)がわかりました(一八八八年)。そのメカニズムは後で述べます。それを証明したのは、ドイツのH・ヘリーゲル(一八三一〜九五年)とH・ウィルファース(一八五三〜一九〇四年)です。

実際に窒素を固定するのは根粒内に共生した細菌で、元の形よりも肥大化して細胞分裂も止まってしまった状態(バクテロイドと呼ばれます)になり、宿主植物のために窒素を固定しています。このような根粒の研究を含めて、一八〇〇年代末は、土壌の窒素動態と微生物の関係がわかり始めた時代でした。

土壌にすむ窒素固定菌には二つのタイプがあることがわかっています。一つは、先に述べたように、マメ科植物と共生する根粒細菌で、リゾビウムと命名されました。もう一つは、

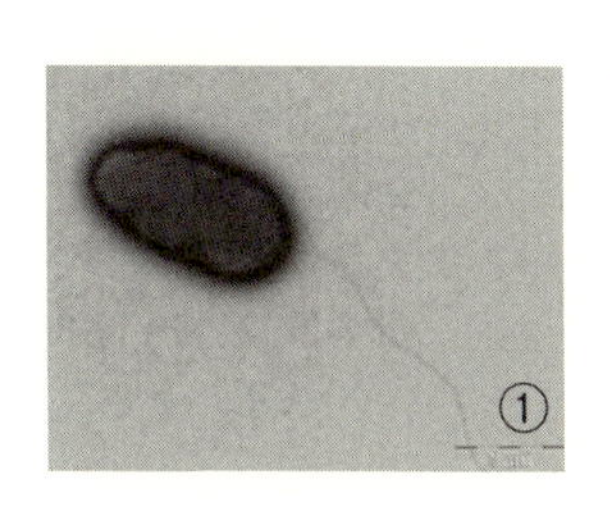

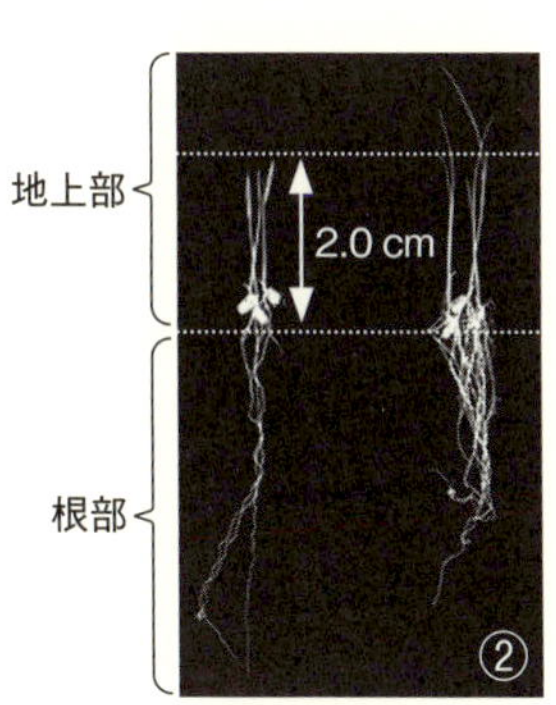

図3-2　イネ根圏から分離されたアゾアルカス属細菌によるイネの初期生育の促進

写真①：アゾアルカス属細菌の電子顕微鏡写真、右下のバーの長さは1000分の1 mmに相当

写真②：イネ(品種名、日本晴)を窒素欠乏条件で生育させたとき、アゾアルカス属細菌を接種すると、根系の発達が良くなってイネ全体の初期生育も良好になる(写真の右側)。大腸菌を接種してもそのような効果はみられない(写真の左側)

(写真提供：西澤智康氏)

共生的ではなく独立して存在している窒素固定菌で、アゾトバクターと命名された細菌が代表的な菌種です。

その後も現在に至るまで、植物と窒素固定菌の関係や窒素固定遺伝子の研究は続いています。特に、植物の根の周りにすむ微生物に対しては、窒素固定活性を含めた様々な活性が研究されています。そのなかの一群は「植物生長促進根圏微生物」と呼ばれ、農業への応用が期待されています。一例として、イネの初期生育を促進する土壌細菌の実験結果を写真に示します(図3-2)。

窒素固定細菌はニトロゲナーゼと

呼ばれる酵素を持っていて、先に説明した$N_2 + 3H_2 \rightleftarrows 2NH_3$という化学反応を触媒(しょくばい)します。この酵素は常温常圧で作用し、ハーバー・ボッシュ法のような五〇〇℃、二〇〇〜三五〇気圧という条件は必要ありません。

その代わり、この酵素反応では、一分子の窒素ガスを還元してアンモニアを生成するのに一二分子(副反応を含めれば、一六分子)のアデノシン三リン酸(ＡＴＰ)を加水分解して、酵素反応のエネルギーを供給しています。この点では、細菌にとっても窒素固定反応はエネルギーをたくさん消費する反応と言えるでしょう。

遺伝子工学が大きく発展する時代になり、農学研究者はこのニトロゲナーゼに注目してきました。ねらいは、作物を窒素固定植物に改良することです。遺伝子工学の技術を用いて、ニトロゲナーゼ遺伝子を植物の細胞に組み入れる試みです。

しかし、その実現には多くの課題があります。まず、ニトロゲナーゼが機能するためには一七個の遺伝子が必要です。反応に必要なＡＴＰと電子をどのように供給するかや、酸素に触れると失活するニトロゲナーゼをどうやって酸素から守るかなど、課題は山積みです。それでも、研究は粘り強く続いています。

5　化学の力で病虫害を防ぐ

生態学の分野で、「食物連鎖（れんさ）」という言葉を聞いたことがあると思います。すぐに思い浮かぶのは、最初に述べた「食う－食われる」の関係ですね。この食物連鎖は「生食連鎖（せいしょく）」と呼ばれます（図3－3）。

図3-3　生食連鎖から見た生物の分類。生産者、消費者、分解者

生食連鎖のスタートは、植物が昆虫などの植食者に食べられることです。次に、植食者は肉食者（一次肉食者）に捕食されてしまいます。一次肉食者はさらに大きな肉食者（二次肉食者）に食べられるという関係が続きます。

ここで、農業生産を考えてみると、生食連鎖を抑えることが増産につながると言えます。農薬の使用はその植食者の存在をなくすことに他なりません。でも、生食連鎖を止めてしまうことは、自然の営みに逆らうことであり、その結果、生物多様性が低下してしまいます。これは食料生産の宿命です。

それでも、植食者（農業では、「害虫」）を抑える「殺虫剤」や植物病原菌を殺すか増殖を抑える「殺菌剤」の使用は農業生産を大きく助けてきました。農薬による防除をまったく実施しなかった場合の病虫害による減収率（平均値）は、水稲で二四％、ダイズで三〇％、キュウリで六一％、リンゴで九七％にまでなってしまいます（日本植物防疫協会、二〇〇八年）。

農薬を含めて、「くすり」の評価の指標は「選択毒性」です。医療でも、人体に対する副作用が小さい薬が良いように、農薬の場合は対象となる病害生物のみに毒として働くことを「選択毒性が高い」と言います。農薬開発の方向性はこの選択毒性を高めることでした。

もう一つの開発の方向性は、環境中での残留性を低くすることで、農地からもれ出た農薬がすぐに分解されて野生生物に悪影響を与えないようにすることです。

このような農薬の開発研究の成果は、農薬の施用量の大きな減少として表れています。たとえば、人類が合成農薬の有用性を強く知ることになった化学物質ジクロロジフェニルトリクロロエタン、いわゆるＤＤＴは、その使用が始まった一九四〇年代には一ヘクタール当たりキログラム単位で散布されていました。しかし、約五〇年後に開発されたムギの除草剤、たとえば、ピラフルフェンエチルの施用量は、ＤＤＴの場合の約一〇〇〇分の一にまで減少しています。こうした農薬をめぐる化学の進展によって、農薬の環境負荷が大きく軽減されました。

6　生物の機能を発見して農薬の使用を減らす

化学的な合成農薬だけでなく、微生物を使う農薬も開発されました。その代表は、バチルス・チューリンゲンシス（Ｂｔ菌）と呼ばれる細菌の利用です。この細菌は、土壌や植物葉表面に広く生息しています。バチルス属の細菌にはライフサイクルがあります。増殖するときは「栄養細胞」になって分裂をくり返しますが、栄養条件が悪くなると休眠状態になって、細胞は「胞子（ほうし）」に変化します。

Ｂｔ菌は胞子に変わるとき、殺虫活性をもつタンパク質の結晶体（クリスタル）を作ります。じつは、このクリスタルそのものには殺虫性はありません。鱗翅目（りんしもく）（チョウやガの仲間）害虫の幼虫がこのクリスタルを食べると、アルカリ性の消化管中で分解されて真の毒素（ＢＴトキシン）になり、殺虫性が現れます。なお、哺乳類（ほにゅうるい）の消化管では、ＢＴトキシンは作用しないと考えられています。

米国では、一九六〇年代からBt菌を用いた微生物殺虫剤(BT剤)が使われてきました。一方、日本ではそれから二〇年遅れて微生物農薬として登録され、合成農薬に抵抗性を得た害虫の防除手段として使用されるようになりました。微生物農薬の開発は進み、二〇一二年時点で、日本では二五剤が登録されています。

一九九〇年代から、BTトキシンの遺伝子を組み込んだトウモロコシやワタが開発されて広く普及しています。このような遺伝子組み換え作物(GM作物)の栽培面積は世界で一億七〇〇〇万ヘクタールに及んでいます(国際アグリバイオ事業団、二〇一二年)。世界の農地面積は約一五億ヘクタールですから、その一〇%近くでGM作物が栽培されていることになります。ちなみに、日本の農地面積は四五五万ヘクタールです。

ところが、抗生物質の使用が抗生物質の効きにくい耐性菌を生むように、BTトキシンを食べても死滅しない抵抗性害虫が現れました。最初の報告例は、一九八五年の室内実験で、貯穀害虫であるノシメマダラメイガで抵抗性の発達が認められました。一九八六～八九年には、ハワイでBTトキシン抵抗性のコナガが出現しました。これが契機になり、抵抗性の発達に関する研究が盛んに行われるようになっています。

現在、病害虫対策としては、生産性の維持を図りつつ、環境にも配慮した「総合的管理技術」が注目されています。これは、病害虫・雑草の発生しにくい環境の整備、防除要因及びタイミングの判断、多様な手法による防除からなる体系です。

図3-4　高温処理（熱ショック処理）による病原抵抗性誘導の実験の様子

写真①：ハウス内で、イチゴに高温処理を行っている様子

写真②：高温処理をしないイチゴは炭疽病への抵抗性が弱いため、葉に大きな病斑（矢印）ができる

写真③：高温処理したイチゴは炭疽病への抵抗性が強くなり、葉の病斑が小さくなる

（写真提供：①太田祐樹氏、②③Ani Widiastuti 氏）

さらに、植物の免疫に関する研究が進み、イチゴやその他の作物の葉を一時的に高温処理（熱ショック処理）すると、病害抵抗性の反応が誘導されることがわかってきました（図3-4、佐藤達雄、二〇一一年）。この熱ショック処理で、イチゴの重要病害である「炭疽病」や「うどんこ

病」の発生が抑えられ、殺菌剤の使用を大きく減らせる結果が得られています。

　このような環境負荷を軽減する技術への関心は高まっており、持続性の高い農業生産方式を導入する農業者には「エコファーマー」認定の制度も作られてきました。二〇一六年三月末現在、全国のエコファーマーの認定件数は約一五万五〇〇〇件になっています。

7　土壌生物と作物生産の関係

　ここで、もう一度、土壌の世界を考えてみましょう。まず、土壌中の生き物がいなくなったら何が起こるかを想像してみてください。先ほどの窒素固定が起こらなくなるだけでなく、生物の遺体や糞尿(ふんにょう)が分解されずに山積みになる世界に変わるでしょう。この生物遺体(有機物)の分解を、化学反応式で示すと次のようになります。ここでは炭水化物を有機物の代表として書いてみると

$$CH_2O(炭水化物)+O_2(酸素)\rightarrow CO_2(二酸化炭素)+H_2O(水)$$

のように表現できます。この式と先に書いた光合成の式

CO_2(二酸化炭素)＋H_2O(水)＋光→CH_2O(炭水化物)＋O_2(酸素ガス)

を比べてください。逆反応であることがわかりますね。すなわち、二つの式を足し合わせると、両辺にある物質は何も残らなくなります。このことは、二つの反応が組み合わさることによって元素が循環することを意味しています。

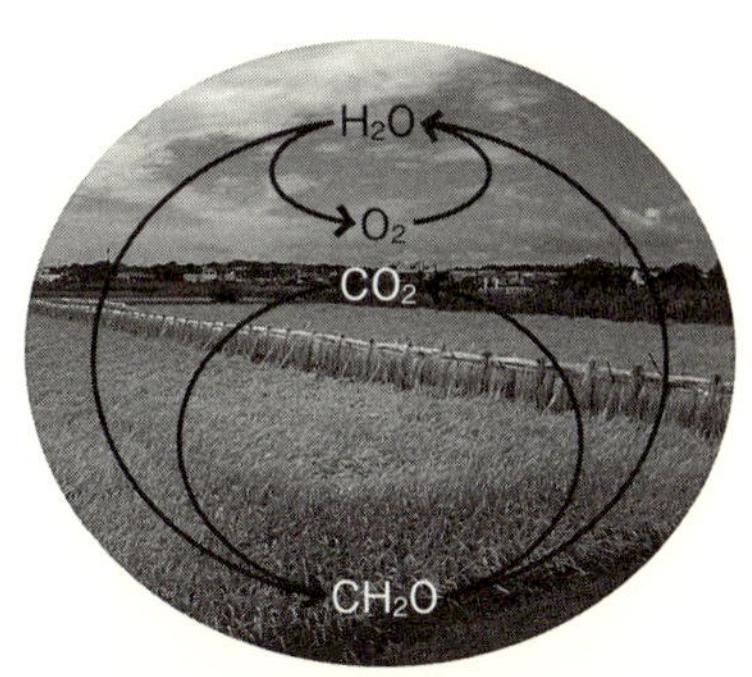

図3-5　田んぼの収穫時の風景と大気ー植物ー土壌間で起きているガス交換の模式図。植物は水を光エネルギーで分解して酸素と水素に分ける。生じた酸素は酸素ガスになり、水素は二酸化炭素と反応させて炭水化物(CH_2O)を作る。炭水化物は私たちの食料であり、摂取後、体内で分解されてエネルギーを生み、水と二酸化炭素になる(呼吸)。こうして、炭素と水素と酸素は循環している(元素循環)

この反応式は、生物学的には、「呼吸」と呼ばれるエネルギー生成の代謝です。すなわち、光のエネルギーが光合成とその産物の分解を通して、生物のエネルギーになるのです(図3-5)。

農業における土壌生物の重要性を明確に示したのは、ロザムステッド農業試験場のE・J・ラッセル(一八七二〜一九六五年)です。それは今から七〇年以上も前のことです。ラッセルは、試験場内にあるコムギ畑地の連年きゅう肥施用区と無肥料区の年間有機物損失量(=分解されて二酸化炭素になる量)を比較して、きゅう肥区の年間損失量を計算しました。ここで、きゅう肥とは、家畜の糞尿と藁(わら)や落ち葉を混合して熟成させた有機質肥料のことです。

この損失量をカロリー単位で計算すると、一エーカー(=約〇・四ヘクタール)当たり一五〇〇万カロリーに相当し、無肥料区の一五倍になると見積もりました。この年間一五〇〇万カロリーは一二人分の人間のカロリー要求を満たせるのに対して、この面積から得られる食物生産物のカロリー量は二人分にしかならなかったのです。

この計算から、ラッセルは、「われわれの農業労働の大部分が、土壌中のばく大かつ多様な生物集団を養うのに投入され、われわれは、土壌生物の作用の副産物を得ているにすぎない」(邦訳『土壌の世界』より、高井康雄・西尾道徳訳、講談社、一九七一年)と結論しました。

土壌中での有機物分解の主要な担(にな)い手は、カビや細菌などの微生物です。その分解作用の大事さだけでなく、微生物の存在量も大きな意味を持つことがわかってきました。このことを、無肥料栽培で考えてみましょう。

8　無肥料栽培でも作物は育つか

先に述べたロザムステッド農業試験場のコムギ畑地では、一八四三年以来、無肥料でコムギを連作栽培しています。一九八〇年に、英国のＤ・Ｓ・ジェンキンソン（一九二八〜二〇一一年）たちは、無肥料区の窒素収支を計算し、コムギの年間吸収窒素量は一ヘクタール当たり二四キログラムになると計算しました。

ここでみなさんは疑問を持つでしょう。肥料を入れていないのに、コムギはどうやって窒素を吸収するのでしょうか？　答えは、土壌生物、特に土壌微生物の菌体から出てくる窒素です。その研究結果を紹介します。

無肥料区で深さ二三センチメートルまでの土壌がコムギの養分吸収に関係すると考えると、その土壌の厚さに生存する生物体に含まれる窒素の総量は、一ヘクタール当たり九五キログラムになると測定されました。

微生物を含めて土壌生物が死ぬと、他の生きている微生物によって分解され、そのときに無機態の窒素が放出されます。一〇〇年以上も同じ栽培の仕方を続けていると、その年間の窒素放出量はほぼ一定で、一ヘクタール当たり三八キログラムになると推定されました。

この推定値はコムギの吸収窒素量を満たしており、無肥料でも栽培が成り立つ理由がそこにあります。このように、土壌生物(微生物)の働きだけでなく、その存在量自体が作物への栄養供給に深く結びついているのです。

9 根にすみつく微生物を利用する

根粒菌以外にも、植物と共生する微生物がいます。菌根菌と呼ばれるカビの仲間は植物の根の細胞間隙や細胞内に侵入して定着します。植物は光合成産物を菌根菌に与え、一方、菌根菌は菌糸を土壌の中に広げて水や窒素やリンなどの栄養素を吸収し、菌糸を通して植物に与えています。植物は菌根菌との共生によって、土壌からの栄養吸収を根の周りの数ミリメートルから、菌糸が広がる数十倍の範囲にまで拡大できたことになります。

菌根菌は根組織への侵入様式によって、タイプ分けされています。そのなかのアーバスキュラー菌根菌(AM菌)は、四億年前のシダの化石でみつかっており、植物の陸上進出後、直ちに共生関係が始まったことがわかっています。根粒菌と違って、AM菌は人工培地で培養できず、植物の根と一緒でないと増やせません。それでも、日本では、接種用のAM菌が開発されており、火山灰が堆積した荒れ地に植生を再生させる際に、種子や苗木と一緒にAM菌を接種して、植物の生長を促進させた事例があります。

もう一つの菌根菌のタイプは外生菌根菌で、菌糸が根組織の表面を取り囲んで、「菌鞘（きんしょう）」と呼ばれる菌糸層を作ります。外生菌根菌の多くは、胞子形成のために、子実体と呼ばれる構造体を作ります。これが、「キノコ」です。みなさんがよく知っているマツタケはアカマツの根に共生する外生菌根菌が作るものなのです。

マツタケを作る菌根菌(マツタケ菌)は、養分の少ないマツ林を好みます。マツ林の手入れをおこたり、落ち葉がつもりすぎると、落ち葉の分解産物が栄養分になって土壌にたまってしまいます。そうなると、アカマツには好都合でも、マツタケ菌には不適な環境になりますね。マツがやせた土地に生えることができるのは、マツタケ菌との共生があったからなのです。現在は多くのマツ林の管理が悪くなり、マツタケ菌の生存も難しくなってしまったと言えます。

このような植物の内部で生活する微生物を「エンドファイト」と総称しています(図3-6)。菌根菌だけでなく、茎葉部（けいようぶ）にすみつく微生物も含まれます。これまでにみつかってい

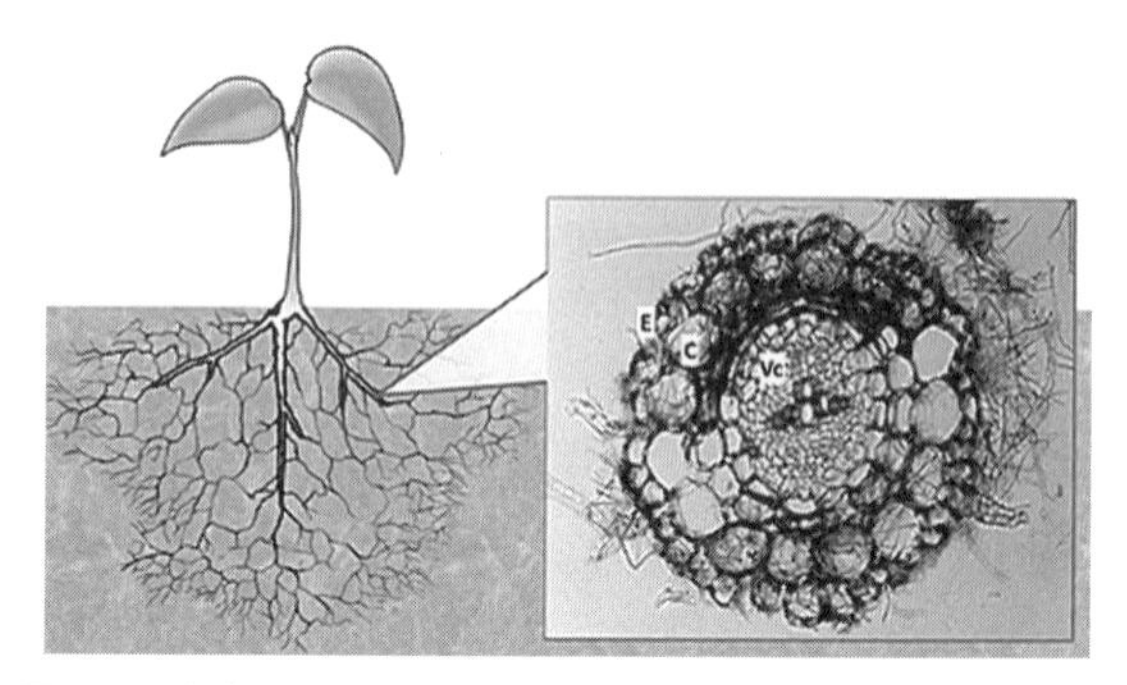

図3-6　根部エンドファイトが定着した植物の模式図(左側の絵)とその根部横断面の様子(右側の顕微鏡写真)。顕微鏡写真の植物はハクサイで、根の周辺から出ている黒色の糸状の構造体がエンドファイトの菌糸。菌糸は、表皮(図中のE)を通って皮層細胞(C)にまで広がっているが、維管束(Vc)までは侵入していない。このような定着様式を示すので、植物に病気を起こさない。菌糸は、根から離れたところにある栄養分(窒素やリンなど)を吸収して、根の内部に運ぶ輸送路の役割を果たしている
（写真提供：成澤才彦氏、皆川源一郎氏）

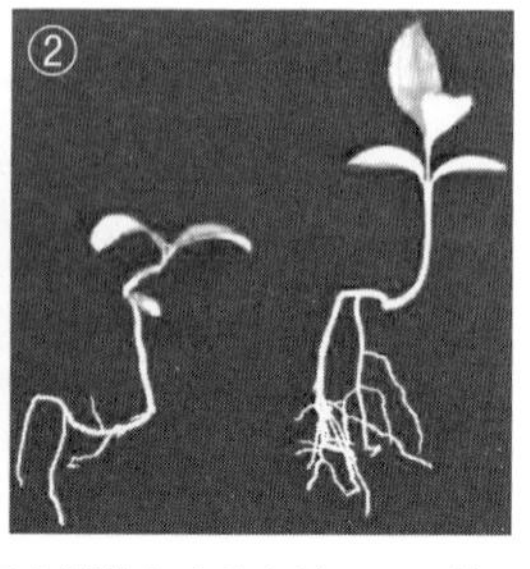

図3-7　柑橘類(ナツミカン)の生育を促進させるカビ・エンドファイトの例。あらかじめポット内でエンドファイトを培養し、その上に発根した種子を載せて4週間育苗した
①：菌接種なし(左)とあり(右)で、培土での生育の様子
②：上記の条件での根の様子　　（写真提供：成澤才彦氏）

るカビのエンドファイトのなかには、植物の生育促進や病害防除にも有効なものもあります。たとえば、柑橘類を用いた実験では、あるタイプのカビ・エンドファイトを植物の根に接種すると、生育が良くなります(図3-7)。

病害防除の例としては、小川と駒田(一九八四年)の研究があります。その研究は実際の畑地で行われました。フザリウム・オキシスポラムというカビによるサツマイモのつる割病に対して、非病原性のフザリウム・オキシスポラムを前接種しておくと、後からの病原性フザリウム・オキシスポラムの感染が抑制できました。

その他に、ハクサイの根こぶ病や黄化病を抑制するカビ・エンドファイトがみつかっており、合成農薬への依存度を減らした生物的防除が期待されています。

10　農業と地球温暖化

すでに図3-5で示したように、光合成と呼吸が組み合わさると、炭素や水素、酸素という元素の循環が成立します。両者の反応速度が一定であれば、大気中の二酸化炭素濃度は一定のままで変化しません。

しかし、実際には、大気中の二酸化炭素濃度は上昇していますね。この原因は、この呼吸以外に二酸化炭素を発生する反応があるからです。それは石炭や石油などの化石燃料の消費です。

化石燃料の起源は、およそ三億年前にさかのぼり、その当時は、光合成の速度が呼吸よりも大きかったために、分解されずに地中に埋没(まいぼつ)した有機物です。人類は、それを掘り起こして燃料に使ったぶん、大気中の二酸化炭素が増えているのです。

現在、多くの科学者は、地球温暖化によって呼吸の速度、すなわち有機物分解の速度が大きくなるのではないかと心配しています。わずかな温度上昇でも、土壌微生物による有機物の分解活性が高まり、大気中の二酸化炭素濃度の上昇がさらに加速される可能性があるのです。

実際に、米国のB・ボンド-ランバティらが地球全体の土壌の呼吸速度を見積もった結果では、一九八九年から二〇〇八年にかけての呼吸速度は、ゆっくりですが確かに上昇する傾向にありました。その増える割合は毎年、一億トンに相当する炭素量になると計算されています。

温室効果ガスは、二酸化炭素以外にも、メタン(CH_4)や一酸化二窒素(N_2O)があります。

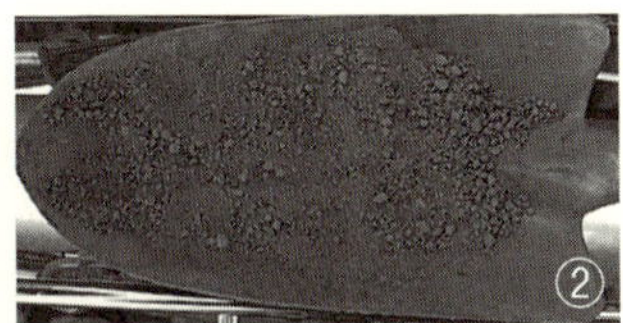

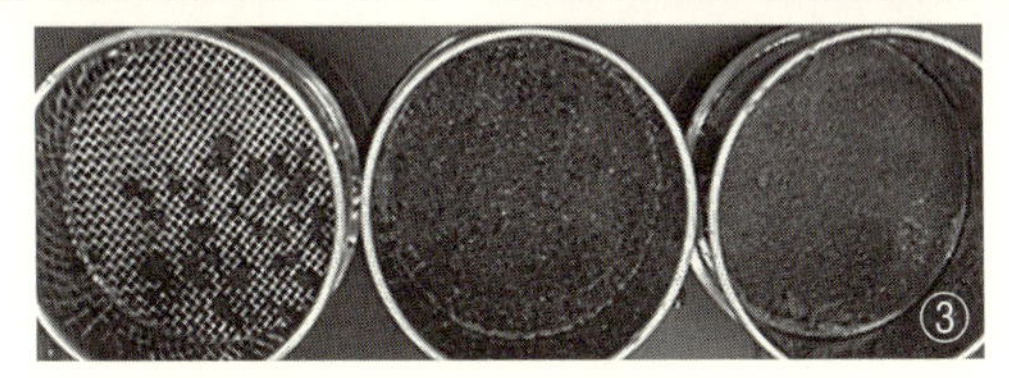

図 3–8　畑を耕す作業と、ふるいで土壌団粒を取り分けた様子。土壌団粒の出来具合が地球温暖化の加速と関係している
①：ロータリー耕起の様子
②：畑地から採取した土壌の姿、土のつぶつぶが見える
③：土壌を水中でふるい分けして得た土壌団粒、サイズは左から 2 mm 以上、0.25～2 mm、0.1～0.25 mm

二酸化炭素を基準にして、他の温室効果ガスがどれだけ温暖化する能力があるかを示した係数を地球温暖化係数と呼びます。メタンや一酸化二窒素の温暖化能力は高く、その係数はそれぞれ、二五と二九八～三一〇です。農業は、これら三つの温室効果ガスの発生に関わっています。

まず、二酸化炭素に関しては、土壌の耕起が関係することがわかってきました。土壌を耕さない栽培法（不耕起栽培）では、土壌を機械的に攪乱することがないので、ミミズなどの土壌動物がすみやすい環境になります。ミミズが活動するようになると、その結果で生じる糞は土壌粒子同士が結合した構造の団粒になります（図

3―8）。土壌団粒を顕微鏡で覗くと、大小様々な孔や隙間が見えます。そのような孔や隙間に水分や空気、有機物が保持され、さらに様々な微生物のすみかになっています。

土壌を耕起すると、土壌団粒の構造が変わり、団粒のなかの有機物を土壌微生物が容易に摂取して分解するようになることがわかってきました。逆に言えば、不耕起栽培によって、微生物による分解から逃れる有機物が増えると言えます。そうなると、温暖化して微生物の活動が高まっても二酸化炭素が増えにくい土壌になると考えられます。

コラム3―1　ダーウィンのミミズ研究

みなさん、進化論で有名な英国のC・R・ダーウィン（一八〇九〜八二年）がミミズの研究を行っていたことをご存知でしたか？

ダーウィンは四〇年以上にわたるミミズの観察記録を生涯の最後の出版で発表しています（一八八一年）。その著書のタイトルは『ミミズの作用による植物性肥沃土（表土）の形成とミミズの住み場所の観察』（邦題『ミミズと土』渡辺弘之訳、平凡社、一九九四年）です。

その本では、ミミズをポットに入れ、いろいろな植物の葉を表面にのせて食物の選択性を調べた結果を述べています。香りのよい葉は食べないこと、葉は穴の口を内張りするのに使われること、この目的のためにマツの針葉や紙切れさえもが選ばれることなど、観察は詳細です。

ダーウィンの関心は、ミミズの糞塊（ふんかい）（糞土（ふんど））でした。ミミズは土壌表面にある葉などの植物残渣（ざんさ）を土壌中に引き込んで摂食し、土壌粒子を含んだ糞塊にして、土壌表面に押し出しています。その糞塊は「糞土」と呼ばれています（図3-9）。

図3-9　タイ東北部の林地で観察されたミミズの糞塊。丸い土の塊が積み上がった状態で見える。乾期だったので、土は乾燥した状態であった（2011年1月に撮影）

ダーウィンの結論は、「すべての植物性肥沃土（すなわち表土）はミミズの腸管を何回も通過したし、これからも何回も通過するであろう」（前出の高井・西尾訳『土壌の世界』より）というものでした。

このように、ミミズなどの土壌動物が土壌の団粒構造を形成し、維持していることによって、陸上植物の生育にも影響を与えていることを説いています。

現在、土壌団粒形成は、ミミズ以外にも、植物の根から出てくる多糖類やカビの菌糸などが関わっていることがわかっています。土壌生物の研究者たちは、ミミズのことを、体は小さいけれど「生態系改変者」という大きな役割を担っていると考えています。

11　農地から発生するメタンと一酸化二窒素

メタンは酸素がないときに起こる有機物分解の最終産物です。酸素がない条件を嫌気(けんき)条件と呼びます。嫌気条件では、微生物の共同作業によって有機物が分解され、その最終反応をメタン生成菌が行っています。水を張った水田では、土壌層にまで空気が届かないので、嫌気条件になります。水田から大気へ放出してくるメタンの約九〇%は水稲の茎を通ることがわかってきました。

では、どのくらい水田から発生しているのでしょうか。ここでは、神奈川県農業技術センターの調査結果(一九九八年)を紹介します。水稲栽培期間中の発生量は、多いところで一平方メートル当たり二〇～二五グラムになり、神奈川県の水田面積全体では、約一〇〇〇トンのメタンが発生しているという計算になっています。この発生量は、全国の水田からの発生量の約〇・二%程度になります。

水田からのメタン発生の抑制技術として、ここでは、山形県農業総合研究センターの調査研究(二〇一六年)を紹介します。

山形県では約八〇%の水田で、春に稲わらをすき込んできました。稲わらは植物の生育に有効な成分であるケイ酸を多く含む点ではいいのですが、稲わらの嫌気分解が盛んになるとメタンの発生量が多くなります。そこで、稲わらに代えて完熟した牛ふん堆肥を施用する方法が考案されました。それによって、メタン発生量を三七～五一%にまで低減できるようになりました(メタンについてはコラム3-2も参照)。

同センターでは、水田と畑を数年ごとに交替利用する田畑輪換(りんかん)の効果も研究しており、その導入も効果的なメタン発生抑制技術であることを報告しています。

一酸化二窒素は、嫌気条件での細菌の呼吸産物です。酸素を使わない呼吸を「嫌気呼吸」と呼びます。脱窒菌と呼ばれる細菌のグループは、酸素の代わりに硝酸イオンを使って呼吸代謝をします。その最終産物は窒素ガス(N_2)です。しかし、酸素が少し存在して完全な嫌気条件ではないときには、一酸化二窒素をN_2に変える反応が止まってしまい、一酸化二窒素が生じます。

カビのグループにも、酸素の代わりに硝酸イオンを使う脱窒を行い、一酸化二窒素を作るものがいることがわかってきました。これまでの研究では、一酸化二窒素からさらにN_2に変えるカビはみつかっていません。この点は細菌とは異なります。畑地土壌はカビが沢山すんでいるので、畑地は一酸化二窒素の発生源としてどれくらい大きいかを見積もる研究が進んでいます。

農業が地球温暖化に与える影響は三つの温室効果ガスの発生量から判断する必要があります。米国のG・F・ロバートソンらは、三つの温室効果ガスの農地からの発生を測定して地球温暖化係数(年間平方メートルあたりのグラム二酸化炭素相当量)を計算しました(二〇〇〇年)。

その結果では、トウモロコシ－ダイズ－コムギの輪作栽培畑地の場合、耕起区土壌で温暖化係数が一一四になるのに対して、不耕起区土壌では一四にまで減少したのです。

地球温暖化係数を下げる不耕起栽培について述べましたが、さらなる環境保全型農業の提案があります。その一例をコラム3-3に紹介します。

コラム3-2　ウシの「げっぷ」と地球温暖化の関係

ウシは草食動物ですが、草だけを食べてあんなに大きな体を作れるのを不思議に思ったことはありませんか?

その謎を解く鍵はウシの胃袋にあります。ウシは胃袋を四つ持っており、一番目の胃はルーメンと呼ばれ、沢山の微生物がすみついています。ルーメンにすむ微生物はウシが食べた植物に含まれる繊維質(セルロースやヘミセルロースなど)を共同作業で分解し、一連の発酵反応を行って増殖します。微生物の発酵過程で生じる脂肪酸をウシは吸収して栄養にし、さらに、第四胃では、微生物そのものも消化して栄養にしています。このように胃袋の中味をみると、微生物も餌(えさ)にしていると言えますね。

さて、ウシの「げっぷ」の話ですが、ルーメンで起きている有機物分解の最終産物はメタンです。それで、ウシの「げっぷ」にメタンが含まれます。メタンは温室効果ガスであることは本文でも述べたとおりです。つまり、ウシのげっぷは地球温暖化の原因の一つにもなっていると指摘されています。

地球全体でみると、メタンの約二六％はウシなどの反すう動物から発生しています。その発生推定量は、水田から出てくるメタン（約一六％）よりも多いのです（気候変動に関する政府間パネル［IPCC］の第四次報告書［二〇〇七年］に記載されたデータより）。

ウシの消化管からのメタンの発生を低減する技術が研究されてきました。地球温暖化の問題もありますが、メタンはエネルギーを生む可燃ガスでもあるので、メタン生成の低減は飼料に含まれるエネルギーをむだにしないことにもつながります。

方法としては、メタン生成を抑制する物質を飼料に加えることです。たとえば、モネンシンと呼ばれる抗生物質があります。しかし、抗生物質耐性菌の蔓延が危惧されて、二〇〇六年に欧州連合は家畜飼料への抗生物質添加を全面的に禁止しました。その後は天然植物系のメタン低減剤が探索されており、ユッカや茶葉由来のサポニン、香辛料由来の精油成分などにメタン低減効果があることが報告されています（小林泰男、二〇一三年）。

コラム３－３　多年生作物の試み

二〇〇八年に権威あるイギリスの科学雑誌「ネイチャー」に「世界を変える五人の作物研究者たち」という記事が載りました。その中の一人、米国のＪ・グローバーは、不耕起栽培に加えて、穀類を多年生植物に変える提案をしています。もし、コムギのような作物を一年サイクルの栽培でなく、二年以上にわたって生育する多年生植物のようにできれば、植物は根を地中深くまで張るようになり、下層にある養分まで吸収できるので、肥料を減らせます。

植物の根の伸張は土壌浸食を防ぐことにもなります。刈り取る必要がなければ、農機の使用も減らせます。

このような農法への挑戦と技術開発は、今後の研究の展開にかかっているでしょう。我が国では、木原生物学研究所（横浜市立大学）のグループが多年生の形質をもつオオムギの野生種を保有しており、多年生コムギを作出する上での有用な遺伝資源として研究されています。

12 水資源と作物生産

ここで、コラム3-3で述べた「世界を変える五人の作物研究者たち」のなかのもう一人、現在、植物生理・分子生物学の分野で活躍している、中国のチャン・ジェンホワも紹介しておきます。その二〇〇八年の記事のなかで、彼は高校生の頃の記憶を語っています。

彼の家族は土壁と藁葺き屋根の小屋に住んでいて集団農場で働いていました。集団農場では、家族用に小さな水田の区画が与えられていたのですが、彼の家族の区画は灌漑水路よりも少し高い位置にあり、秋の中頃のイネの登熟期には水田が少し干上がってしまうのです。それが原因で収穫が減るのではないかといつも心配だったそうですが、なぜか、収穫時には、粒重はみんなの平均よりも重く収穫は良かったそうです。

チャンは、後年、作物学研究者になり、彼はその記憶を研究に結びつけました。すなわち、植物は、干ばつなどのストレス条件下では、栄養分を生殖生長に集中させるようになり、子実（種子）に栄養分が集まるという考えです。二〇〇〇年代に入って、人口増加等による水資源不足への懸念が増すなかで、チャンの研究以外にも、水資源の持続性を考えた栽培技術がいくつか開発されてきました。

その一つは、フィリピンの国際稲研究所（ＩＲＲＩ）（図3-10）が中心になって開発した「エアロビックライス」です。この農法は、灌漑用水量の節減を極限まで追求した技術で、代掻きや湛水をせず、畑条件の土壌でイネを栽培します。日本でも、灌漑設備が未発達であった、四〇～五〇年前には、陸稲栽培が研究されていました。現在は、水資源の有効利用の観点から、特にアジアで、高生産性の陸稲栽培に関心が集まっています。

しかし、エアロビックライスには、課題もあります。その案内書の注意書きには、特別なイネのタイプが適すること、この農法は中国では十分に研究されたけれど、熱帯域のイネでは研究途上であることが述べられています。

図3-10　フィリピンにある国際稲研究所（IRRI）の水田試験区画の風景。IRRIで1966年に育成された品種である“IR-8”は「緑の革命」をもたらす元になった

国際的な研究機関であるIRRIが掲げる五つの使命の最初に、「イネの研究によって貧困を減らすこと」があげられています。IRRI以外にも、このような目標をもって活動するチームや組織があります。

最近、注目されているものとして、SRI栽培法があります。この農法は、一九九〇年代に米国のN・アップホフがマダガスカルでの農村調査中に遭遇した高生産性のイネ栽培の方法です。アップホフは、熱帯・亜熱帯の一八か国の農業試験場や農家と協力して、その農法の普及性を研究しました。農法自体は、マダガスカルに赴任したフランス人宣教師H・デ・ロラニエ(一九二〇~九五年)が体系化したもので、六つの要素技術からなります。

そのなかには、灌水(かんすい)(水を注ぐこと)と排水をくり返し、水田を常に湛水状態(水を張った状態)にしない条件があり、この点は先に述べたこととも共通しています。その高生産性のメカニズムとしては、イネ根系の発達や根の周りの土壌微生物の活動による寄与が考えられますが、まだほとんど研究されていません。

SRI農法が意味することは、食料生産の技術開発は必ずしも科学の先進国だけから生まれるものではないということだと思います。先進国・途上国という視点でなく、地域に固有の知識や技術のなかに有用性を見つける科学者の眼力が必要であり、見つけたものを研究展開させる国際協力の視野も必要でしょう。

13　農業の多面性とバイオ燃料

二〇〇六年以降、コムギやトウモロコシなどの穀物価格の高騰が起こりました。その原因は、自然災害だけでなく、途上国の食料需要増やバイオ燃料導入政策によるバイオ燃料の需要増も指摘されています。

バイオ燃料とは、穀物に含まれるデンプンを糖化させ、酵母類に発酵させて作るバイオエタノールが主要なものです。このバイオ燃料は、石油など化石燃料に代わる新たなエネルギー源として注目されています。

しかし、食料不足の不安が起こるとき、必ず「食料供給か、バイオ燃料生産か」という議論が盛んになります。大気中の二酸化炭素濃度の上昇を抑える概念として、「カーボンニュートラル」があります(図3-11)。ニュートラルとは、排出される量と吸収される量が同じになる状態ということです。米国では、ガソリンに一〇%の比率でバイオエタノールを混ぜて、その分を「カーボンニュートラル」にしようとしています。地球環境問題への対応と食

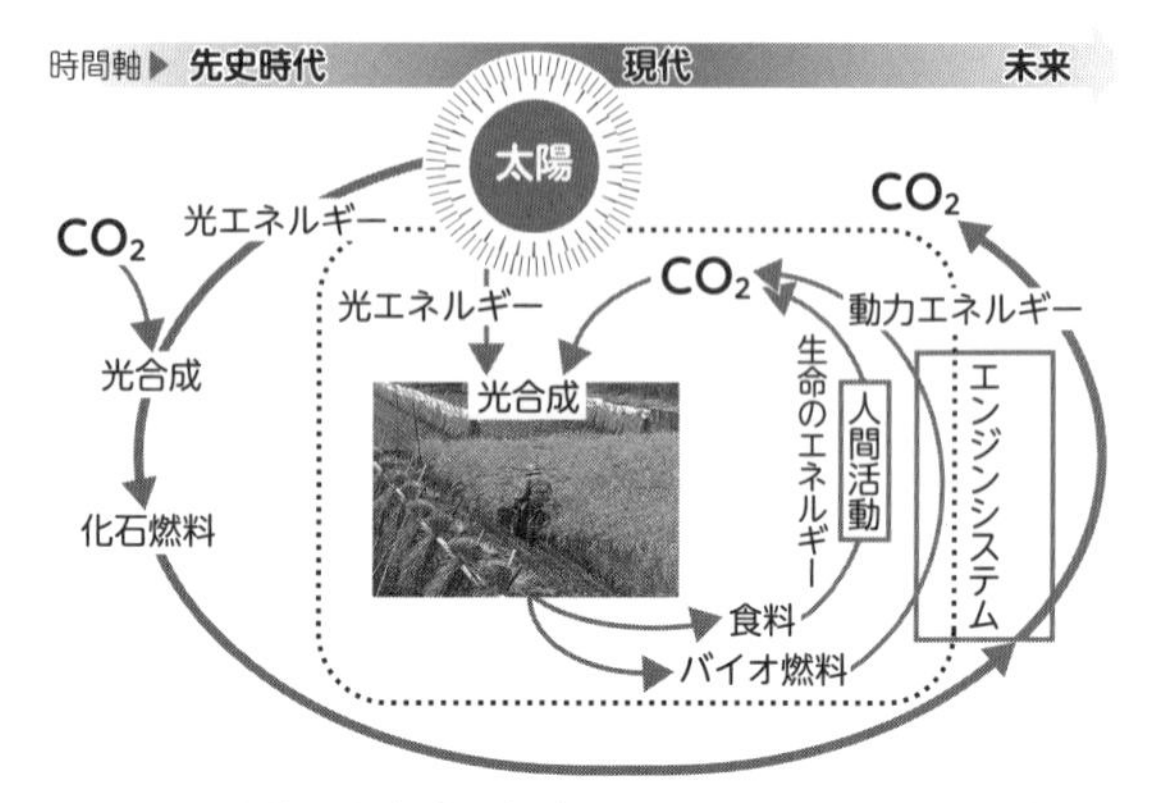

図3-11　生物の光合成に依存して発展してきた人類社会。人類は、先史時代の光合成産物(化石燃料)を燃料に用い、農業での光合成産物を食料にしてきた。近年になって、食料原料はバイオ燃料にも使われるようになってきた。その用途は違っても、大気二酸化炭素濃度の上昇には至らない(カーボンニュートラル：図中の点線で囲った部分を意味する)

図3-12　スイートソルガムの栽培風景
(写真提供：新田洋司氏)

料供給のバランスをどうするかが問われているのです。このように、農業はエネルギー分野とも関係する多面性を持つようになってきました。

食料対エネルギーの問題を解決する一つの方法として、耕作放棄地に非食用植物を栽培するというアイデアがあります。そのような非食用植物として、イネ科のスイートソルガム(図3-12)が研究されています。

この植物は、サトウキビと同じように、茎に高濃度で糖分を貯えます。サトウキビに優る特徴は、生育が速く、三~四か月で収穫できることや、熱帯域だけでなく温帯域でも栽培できる点です。デンプンの場合と違って、茎の搾汁液をそのまま発酵用に使えます。その搾汁液を用いたバイオエタノールの生産量は、一ヘクタールでの収穫物当たり、五・七~六・三キロリットルになります(新田洋司ら、二〇一五年)。これはサトウキビの場合と同程度(一ヘクタール当たり四~七キロリットル)です。しかし、デメリットは生産コストの高さです。これは今後の研究の大きな課題です。

14　再び、食料科学って何だろう

農耕の起源は諸説ありますが、それは一万年くらい前にさかのぼるでしょう。近代科学が始まる前から、何百年、何千年の時間をかけて、自然に対して働きかけを続けて、植物を栽培に適するように、品種改良を重ねてできた植物が作物です。近代科学が始まってからは、本章で述べたように、様々な科学の分野が食料生産に関わってきました。この約一万年の農業の歴史は、本章の最初に述べた「生きることは、食べること」の実践に他なりません。

化学肥料と合成農薬が農業を大きく変えた時代を経て、今は、気候変動の問題が農業を大きく変えようとしています。農業のインパクトが地球レベルにまで及ぶことは、炭素や窒素などの元素の生物地球化学的循環の解明や水資源の有効利用の研究によって明らかになってきました。食べることが地球環境の将来にも結びついていることが、食料科学の大事さであり、この学問分野を研究する意義と言えるでしょう。

本章では、食料科学のおもしろさを、農業を中心に紹介してきましたが、水産業や畜産業も大事な食料科学の分野です。また、魚類や家畜は生命科学の面からの研究も進んでいます。最後に、食料として見慣れている魚に思わぬ研究の切り口があることを紹介します。それは低温で生きる魚の特性を利用しようとする研究です(コラム３-５)。食料を見る目が農業からさらに広がるきっかけになれば幸いです。

コラム３-４　コメの品種改良

最近、おコメの食味ランキングがマスコミを賑(にぎ)わしていますね。その上位に選ばれる「コシヒカリ」はみなさんもご存知だと思います。コシヒカリは我が国の代表的な品種で、一九五六年に登録されて以来、作付面積は増えて、第一位になり(平成二八年度、三六・二%：公益社団法人 米穀安定供給確保支援機構)、第二位の「ひとめぼれ」(九・六%)を大きく上回っています。

コシヒカリは、良食味・高品質米を育成するための交雑母体としても使われています。たとえば、コシヒカリと初星という品種の交雑種である「ひとめぼれ」もそうですし、「ヒノヒカリ」(作付面積、第三位)や「あきたこまち」(同、第四位)もその子孫です。

このような、新たな特性を持たせる品種改良とは、どのように行うのでしょうか？　農学では、品種改良のことを「育種」と呼んでいます。「育種」という言葉からわかるように、どんな「種」を「育てる」かが大事です。すなわち、農学での育種の目標とは、農家や消費者の要求に応え、それが社会的ニーズにも応える品種を開発することです。新しい特性は、遺伝変異の拡大から生まれます。

その拡大方法としては、外国や他の地域で栽培されている在来品種などを導入すること、品種間や品種内で交雑させて雑種を作ること、放射線などを用いて突然変異を誘発させること、特定の有用遺伝子を品種に組み込んだ組換え体を作ること、などがあります。

次に、こうして生まれた様々な変異を評価し、目標とする特性を持った集団だけを選抜していきます。イネやコムギなどの自家受粉作物の場合は、選抜した個体を自家受粉して増やしていき、その子供たちの遺伝子型が親と同じになる純系を作ります。自家受粉作物とは、花粉が同じ花の柱頭についてもっぱら受精する作物のことです。最終ステップは、その純系を現場に普及させることです。

イネの場合、これまでの育種の画期的成果は、熱帯植物であるイネを亜寒帯の北海道で栽培できる品種を開発したこと（イネの北進）や、本章の「窒素をめぐる化学の展開と食料生産」の項で述べた倒伏しにくい半矮性（わいせい）品種の育種（緑の革命）でしょう。

コラム3-5　低温で生息する魚と、低温で活性の高い酵素

農学の分野のなかで、私の所属する「水産学分野」では当然のことながら水棲（すいせい）生物を対象として研究しています。クジラなどを除くとおもに魚を対象としていますが、魚は哺乳動物や鳥とは、変温動物である点が大きく違っています。

恒温動物は体の温度を一定に保って生活しています。すなわち体温が四〇℃付近の温度で食事をとり、消化吸収等の代謝活動を営んでいるのです。一方、ヘビ・トカゲ・カエル・イモリなどの変温動物は、気温が下がると、それに伴って体温も下がり活動を停止し冬眠します。

ところが魚はどうでしょうか？　あの暗く温度の低い南極や北極の海底でも餌を

求めて泳ぎ回り、捕食者から逃げて通常の生活を営んでいるものもいます。

　これまでの陸上の哺乳動物を中心とした科学では、このような低い温度での消化吸収やいろいろな代謝は非常に理解に苦しむところです。なぜなら、一般に哺乳動物の消化酵素は〇℃近い低温ではその分解活性はほとんどなくなり、消化吸収や活動するためのエネルギーを産生する代謝活動はまったく停止し、生きていけないのです。

　しかし、魚類は南極や北極の氷の底の海底でも生活を営んでいます。つまり、〇℃付近の環境水温下(体温)でも餌を摂り消化吸収し、活動するためのエネルギーを作り出しているのです。何とも不思議なことではないですか。

　これまでに研究されてきた恒温動物を対象とした科学では解決できない未知の世界がそこにはあります。多くの先人たちが対象とした世界とはひと味違う科学の世界があります。

　この低温で生息する魚の研究で、私の失敗談があります。よく「酵素入りの洗濯洗剤」のコマーシャルがテレビで流れています。しかし、「汚れがよく落ちる」と宣伝していますが、冬の冷たい水でも汚れは落ちるのでしょうか？（もちろん洗剤会社の研究者は大丈夫と言います！）

〇℃でもいろいろな物質を分解することができる酵素があれば、いろいろな利用が考えられます。もし低温で生息する魚からこのような酵素が見つかると非常に有意義であると考えて、魚のエネルギーに関する酵素について研究しました。

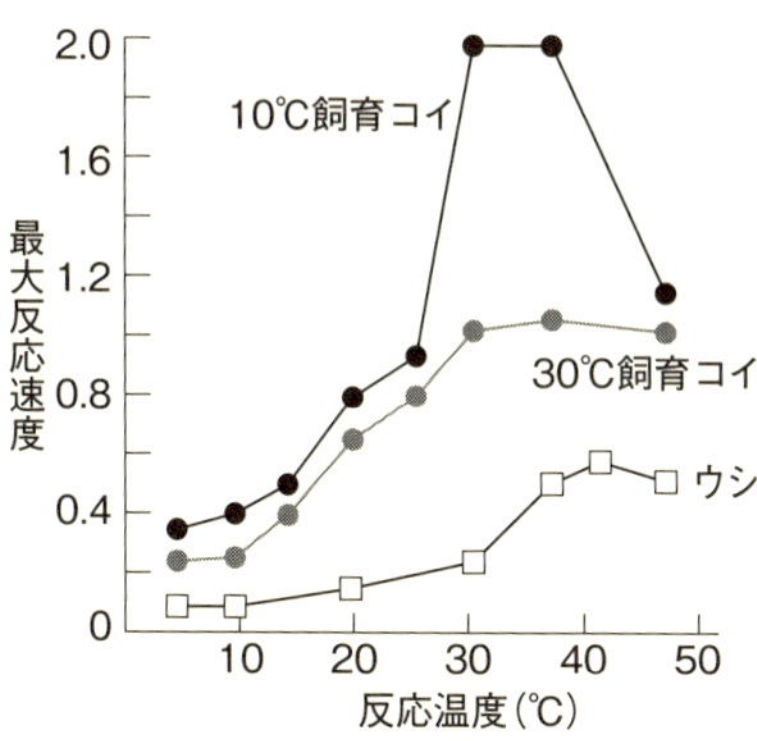

図 3-13　ウシと飼育水温の異なるコイの筋原線維 ATPase の活性

研究室で対象とするときは、コイが手に入りやすいし、生息温度も広いので、コイを一〇℃と三〇℃で飼育して筋肉のATPase（エーティーピーアーゼ）という酵素を調べました。その結果、コイのATPaseは低温では順応して活性が非常に高くなることがわかりました（図3-13）。

この結果に「低温でも汚れが落ちる洗剤」をつくる酵素を見つけられたかな？と喜んだのですが、残念ながら活性が高くなった酵素は非常に不安定になり、酵

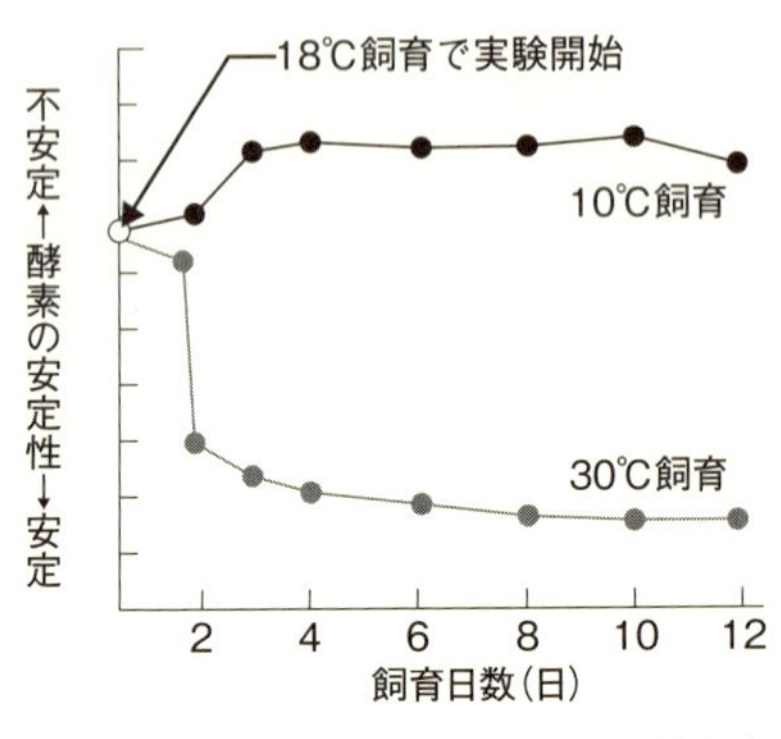

図 3-14　コイ筋原線維 ATPase の熱安定性と飼育水温

素活性の低下が極めて速くなるという問題がわかってきました(図3-14)。

　要するに、低温で活性の高い酵素は極めて不安定で失活が速いという結論でした。低温で生息する魚、これをテーマに未だにこの筋肉の酵素を研究しています。

(コラム3-5執筆　橘勝康・長崎大学教授)

第4章

生命科学へのいざない

髙橋伸一郎
東京大学大学院農学生命科学研究科
竹中麻子
明治大学農学部

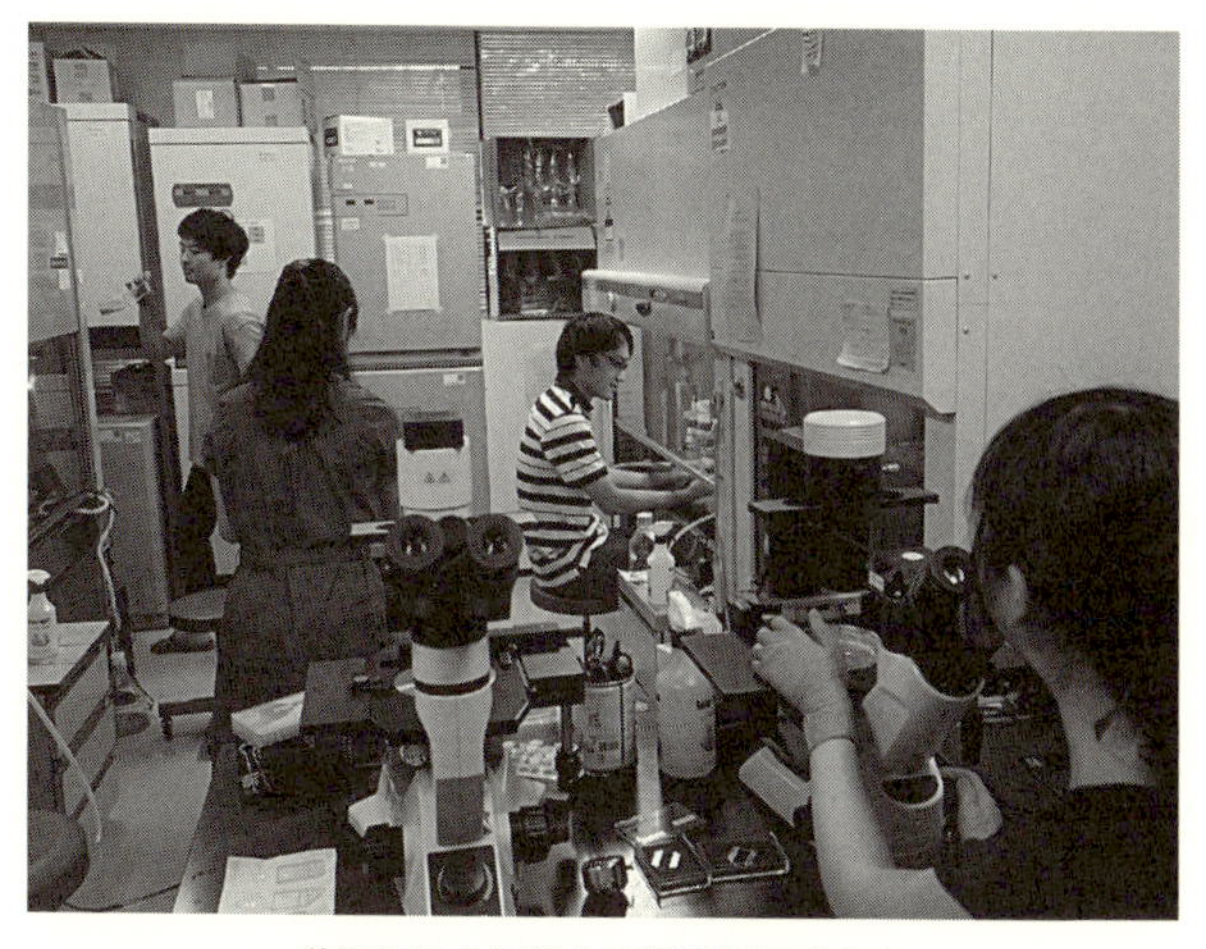

動物細胞を培養する若手研究者たち

1 「生命科学」と「農学」

生物を扱う学問は、長い間、観察を中心とした博学的な研究が中心でした。しかし、七〇年ほど前に「生命とは何か」という疑問にオーストリア出身のシュレディンガー(一八八七〜一九六一年)という物理学者が取り組み、生命を物理学や化学の力で明らかにしようとして、『What is life?』(邦訳『生命とは何か 物理的にみた生細胞』岡小天(しょうてん)・鎮目(しずめ)恭夫(やすお)訳、岩波文庫、二〇〇八年)という著書を世に出しました。これを起点に、生物を物理学や化学の手法で明らかにしようとする学問領域が生まれました。

この一世紀で、細胞生物学や分子生物学の技術の発展とともに、多くの生命現象を分子レベルで研究できるようになりました。現在、生命活動がどのように営まれているかを分子レベルで探究する学問は、「生命科学」とよばれています。そして、今や「生命科学」という学問領域は、生化学・生物物理学などの基礎領域だけでなく、応用的な学問である医学・薬学・工学・農学なども含んでいます。

さて、今回本書が取り上げている「農学」は、自然と共生すると同時に、自然の利用を考える学問です。ご存知のように地球上の生物種はとても多く、微生物、植物、動物、すべてが農学の研究対象です。動物種に限ってみても、動物プランクトンから、昆虫、そしてホヤなどの無脊椎動物、魚類、両生類、爬虫類、鳥類、そしてヒトを含む哺乳類と、「動物」と名のつく生物はすべて研究対象としています。さらにこれらの動物は、生きている環境や目的によって、野生動物、実験動物、家畜やペットなどに分類することができます。

これらの研究対象に、いろいろな生物の作っている物質を与えたり、遺伝子を導入したり、あるいは生物同士を一緒にしたりして、その応答を調べ、「生命現象の解析」や「メカニズムの解明」を進めるという方法で研究が進められています。そして解析は、動物個体、器官・組織、細胞、そして試験管内の各レベルに及んでいます。

農学の特徴のひとつとして、これら一連の研究において、「生命現象の解析」、「メカニズムの解明」、そしてこれを可能にする「解析技術の開発」という三つの要素に加え、最終目的である「研究成果の応用」という要素が、終始、先の三要素と相互依存していることを挙げることができます。

農学は、「生命現象やそのメカニズムの応用」を最終ゴールとする学問、いわば実学だと位置づけると、みなさんにとって、この学問領域の存在意義は理解しやすいのではないでしょうか。特に、農学は自然を制圧するための学問ではなく、自然と共存し自然のカラクリを利用するという点に特徴があると、私たちは考えています。

生命現象を解明し、そのメカニズムがわかったら、これを調節する技術を開発し、それを人類の生活に役立てようという、自然から見ればやや身勝手な方向性を持つ生命科学を農学と言っても、決して的外(まとはず)れではありません。

2 「生命科学」を支える新しい技術

この一世紀で、「生命科学」という学問はなぜ爆発的に発展したのでしょうか? この爆発的発展を支えたのは、物理学や化学などの物質科学的な観点や考え方だけではなく、細胞生物学や分子生物学などの分野における技術の開発です。ここでは、そのいくつかを紹介します。

(1) 組織や細胞の培養

「生命科学」が生まれる以前、生物学では「まるごとの生物」の現象を観察していました。たとえば、植物が光に向かって屈曲する現象、犬が特定の音に反応して唾液（だえき）を出すようになる、いわゆる「パブロフの犬」の実験で知られる現象など、理科の教科書に多く書かれています。

ところが、このような現象が起こるメカニズムをさらに深く調べようとするときに、生物の体をもっと細かく分けて調べる必要が出てきました。

生物の最小単位は細胞ですが、同じ種類の細胞が集まって筋肉、神経などの「組織」となって生物体を構成しています。そこで、生物から特定の組織を取り出して研究する「組織培養」という技術が生まれました。一九〇〇年頃には動物や植物の組織の一部を体外へと取り出して生かしておく試みが始まりましたが、組織が栄養不足で死んでしまったり、雑菌（ざっきん）が繁殖してしまったりして、組織を長期間維持するのはたいへん難しいことでした。

しかしその後、培養液に加える成分や培養条件にさまざまな工夫が加えられ、現在では特定の組織をシャーレなどの中で何か月も培養することができるようになりました。さらに、組織片を酵素処理し、バラバラの細胞にして培養する「細胞培養」も可能になりました。

組織から取り出した細胞は、普通は長く生きられませんが、バラバラにして培養していると高い増殖能を示すものが出現することがあります。この細胞を増やして、長期間培養できる「株化細胞」とよばれる細胞がつくられました。現在ではヒト、ラット、マウスなどの哺乳類だけでなく、昆虫や魚など多くの生物のさまざまな組織由来の株化細胞が樹立され、細胞バンクなどに保存されています。

研究者は自分の使いたい種類の組織・細胞を手に入れ、培養液の中にホルモンや薬剤などを入れて刺激し、組織や細胞にどのような変化が起こるのかを調べることができます。この方法により、まるごとの生物で観察された現象が、体の中の組織や細胞のどのような反応が組み合わさって生じるものなのか、詳しく調べることができるようになりました。

⑵ねらった遺伝子の過剰発現・発現抑制

すべての細胞には遺伝情報として同じDNA(デオキシリボ核酸)が含まれています。細胞の種類や環境によって特定の遺伝子からメッセンジャーRNA(mRNA)が転写され、個々のmRNAに対応するタンパク質が合成され、それぞれのタンパク質はいろいろな機能(たとえば、酵素として細胞内の化学反応を助けるなど)を発揮し、生命反応が起こることになります(図4-1)。

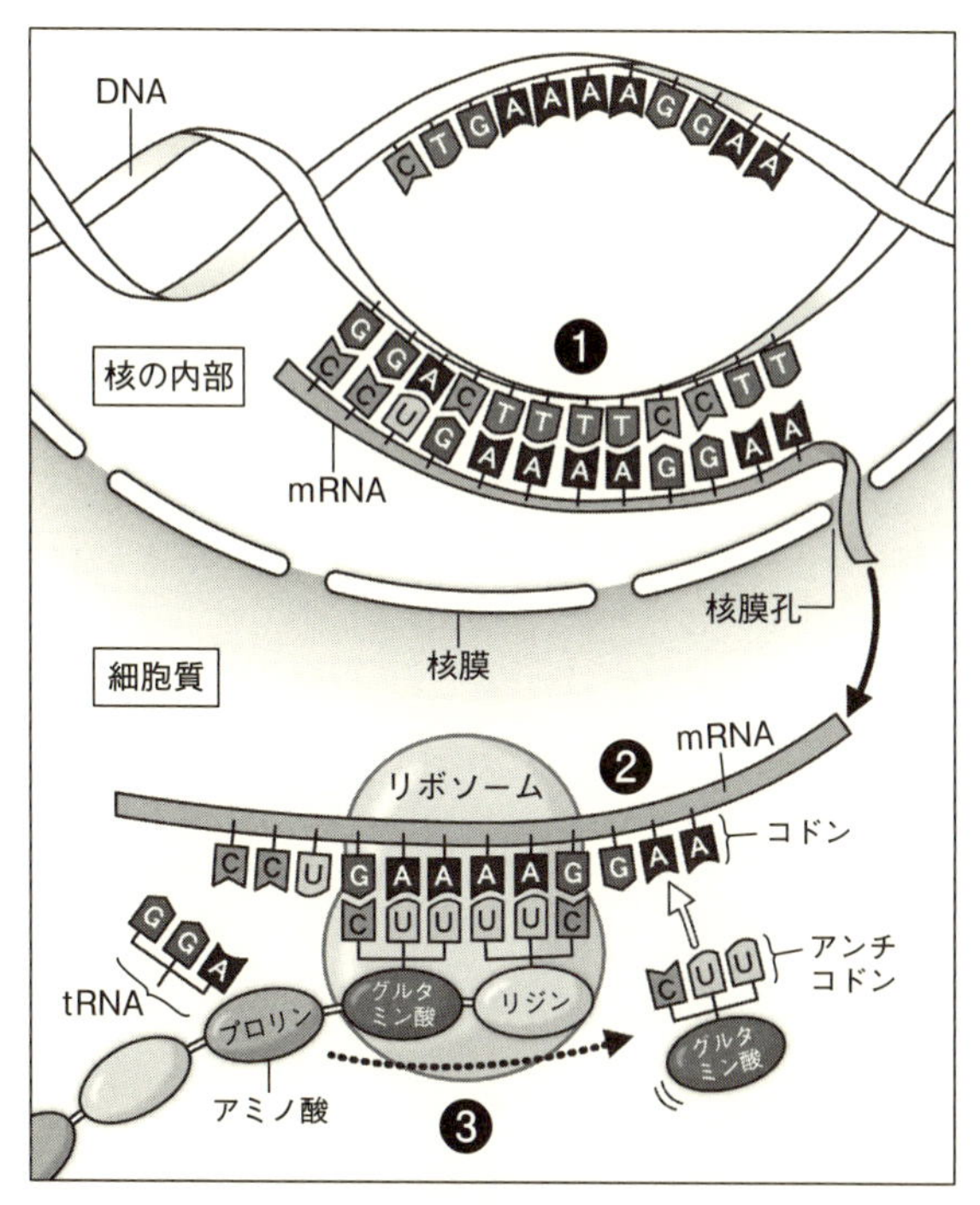

図 4-1　遺伝子に書き込まれた情報から特定のタンパク質ができるしくみ。❶まず、染色体 DNA の特定の領域(遺伝子)の塩基配列が、RNA という分子に写し取られる。この過程は「転写」とよばれる。植物や動物では、この RNA には必要がない配列などが含まれているので、これらを取り除いたり、RNA にさらに化学反応が起こって、成熟した mRNA ができる。❷これが、リボソームへ運ばれ、mRNA の決まった場所から 3 個ずつ組になった塩基配列(コドン)にしたがって、トランスファー RNA(tRNA)の運んできたアミノ酸をつないでいく。❸そして、特定のタンパク質が合成される。この❷から❸の過程を、「翻訳」と言う。このタンパク質が、種々の生命反応を起こす

遺伝子を人為的に操作する技術を「遺伝子工学」とよびますが、細胞培養技術の進歩と共に遺伝子工学の技術も大きく進歩しました。ＤＮＡは、グアニン（Ｇ）、アデニン（Ａ）、チミン（Ｔ）、シトシン（Ｃ）という四種類の塩基と、リン酸、糖からできています。これらの塩基の並び方（塩基配列）によって生物は特徴づけられますが、その塩基配列の解読技術が進歩して高速化され、多くの生物がもつＤＮＡ（ゲノムＤＮＡ）の全塩基配列が、これまでに次々と解読されています。

また、個々のＤＮＡから転写されるｍＲＮＡ、ｍＲＮＡから翻訳されるタンパク質についても、細胞内で作られる量を簡単に調べることができるようになりました。組織培養・細胞培養の技術を組み合わせると、刺激に応答して細胞内の特定の遺伝子の発現（遺伝子からｍＲＮＡに転写されること）にスイッチが入り、新たにタンパク質が作られる現象を詳しく調べることが可能になりました。このように、細胞生物学・分子生物学の進歩によって、生物学はその研究対象を、まるごとの生物から組織、細胞、分子へとどんどん小さくしていきました。

何らかの刺激によって遺伝子の発現スイッチがオンになることがわかると、この変化が細胞や生物の体の中でどのようなはたらきをするのかが知りたくなります。そこで新たに開発されたのが、特定の遺伝子をたくさん発現する細胞や生物を作る技術です。

こうした技術は、大腸菌等の微生物でまず確立されました。大腸菌では、ベクターとよばれる小さな環状のＤＮＡに、発現させたい遺伝子と発現を促進する配列のＤＮＡをつないで菌体の中に導入すると、その遺伝子を過剰発現させることができます。動物、植物、昆虫などの培養細胞にも、同様に作製したベクターを導入することで、ねらった遺伝子を過剰発現させることができるようになりました。さらに、ねらった遺伝子を体じゅうの細胞で過剰発現する生物を作ることもできるようになっています。

具体的には、動物では、発現させたい遺伝子をまずマウスなどの受精卵の核に導入します。導入されたＤＮＡが一定の確率で染色体ＤＮＡ（もともとのＤＮＡ）に取り込まれるため、この受精卵を雌マウスの子宮に戻すと、導入した遺伝子を過剰発現する仔マウスを得ることができます。植物はどの細胞にもすべての組織に分化できる全能性があるので、遺伝子を葉などの組織に直接導入して培養すると、その遺伝子を過剰発現する植物体を得ることができます。このように外部から特定の遺伝子を導入した生物のことを、「トランスジェニック生物」とよびます（図４-２②、④）。

個々の遺伝子のはたらきを知る方法として、その遺伝子が発現しなくなったらどうなるか

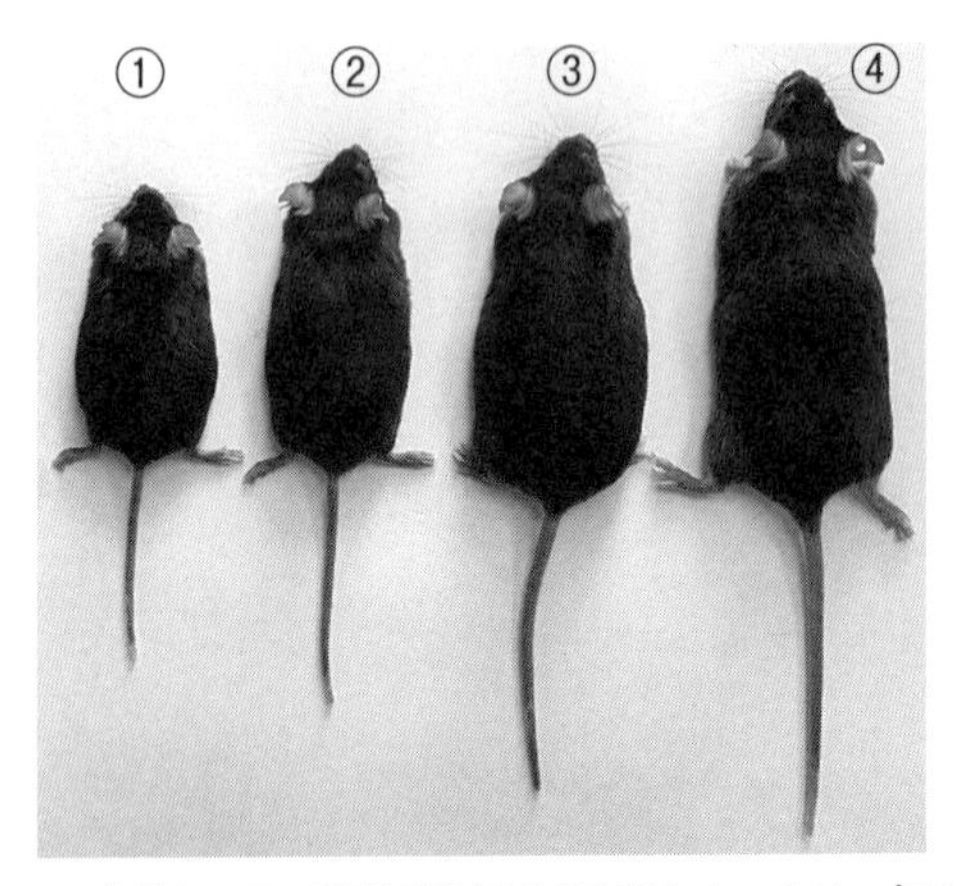

図 4-2　成長ホルモン関係の遺伝子を改変したマウス。左から、①成長ホルモン受容体(成長ホルモンが結合して作用発現を仲介するタンパク質)遺伝子をノックアウトしたマウス、②成長ホルモンのアンタゴニスト(成長ホルモンの作用を阻害する変異型成長ホルモン)を過剰発現したトランスジェニックマウス、③野生型マウス(遺伝子改変をしていない対照マウス)、そして、④ウシの成長ホルモンを過剰発現したトランスジェニックマウス。成長ホルモンの作用が阻害されると成長が抑制、成長ホルモンの作用が強いと成長が促進されることがわかる

(写真提供：Kopchick 氏、岡田茂氏、Ohio University)

を調べるのも有効な手段です。この方法を「遺伝子ノックアウト」とよんでいます。大腸菌では、目的遺伝子の配列を破壊してベクターにつないで菌体に導入し、「相同組換え」という原理でもともと菌が持っていた目的遺伝子と置き換える方法が使われます。これにより、ねらった遺伝子が発現しない菌を作製できます。

一方、動物の培養細胞

では、最近、「ＲＮＡ干渉」とよばれる方法が多く使われるようになりました。これは、二本鎖ＲＮＡを細胞に導入すると同じ配列のｍＲＮＡが分解されるという原理を利用した方法で、発現を抑制したい遺伝子のｍＲＮＡの配列を持つ二本鎖ＲＮＡを細胞に入れるというものです。この方法は、特定のＤＮＡから発現したｍＲＮＡを分解しますが、遺伝子の発現を完全に抑制するわけではないので、「遺伝子ノックダウン」とよばれています。

さらに、特定の遺伝子の発現を完全に抑制した動物（ノックアウト動物）を作製する方法も開発されました。動物では、少し手間のかかる方法が使われています。まず、どの種類の細胞にも分化しうる胚性幹細胞（ＥＳ細胞）という特別な細胞に目的の遺伝子の一部を破壊して加え、相同組換えにより正常な遺伝子と置き換えてしまいます。このＥＳ細胞を発生初期の胚に導入し、胚を雌マウスの子宮に移植して産まれた仔マウスを交配させて、遺伝子改変動物を誕生させるというものです（図４－２①）。

このノックアウト動物の作出法は、ＥＳ細胞が樹立されているマウスなど一部の生物でしか行うことができず、また相同組換えの効率が低く、作製に時間がかかる技術でした。しかし近年は、染色体上のねらった遺伝子の配列を直接改変できる「ゲノム編集」という新たな技術が開発され、遺伝子改変動物の作製効率が飛躍的に上昇しつつあります。ゲノム編集技術により、これまで遺伝子ノックアウトができなかった植物でも可能になるなど、遺伝子改変できる生物種の幅も広がっています。

⑶遺伝子・タンパク質発現の網羅的解析

⑵で述べてきた遺伝子工学技術を用いて、刺激によって個々の遺伝子から作られるｍＲＮＡやタンパク質の量がどのように変化するのかを調べる研究が盛んに行われるようになりました。しかし、ひとつひとつの遺伝子を調べるのは大変な手間がかかりますし、調べていないところに重要な変化が隠されている可能性もあります。

さまざまな生物のゲノム解読が完了したので、ゲノム情報から得られたデータを使って、遺伝子の発現や細胞内タンパク質の全体像をすべて一度に解析してしまおう、という方法が、最近、急速に進展してきました。これが「網羅(もうら)的解析」とよばれる方法です。

細胞や組織で発現するｍＲＮＡの全体像を解析するときには、まず全ＲＮＡを抽出(ちゅうしゅつ)します。この中にはその細胞や組織で遺伝子から転写されたｍＲＮＡがすべて、発現量に応じた量、含まれています。これを、その生物種がもつ何万もの遺伝子の配列がはりつけられた小さなチップと反応させると、ｍＲＮＡの存在量が多いほどチップ上の遺伝子が強い反応を示します。こうして、もとの組織や細胞でどの遺伝子が活発にｍＲＮＡに転写されていたのかを調べるのです。このような解析を「トランスクリプトーム解析」とよびます。

一方で、組織や細胞中のすべてのタンパク質を解析する方法を「プロテオーム解析」とよびます。細胞内で機能するのは遺伝子から作られたタンパク質ですから、どのくらいのタンパク質が存在するかを調べるのはとても重要なことなのです。プロテオーム解析では、組織や細胞から抽出したすべてのタンパク質を電気泳動などによって分離して量を測定します。また、分離されたそれぞれのタンパク質を酵素でペプチドに分解して「質量分析」という方法で質量を測定すると、データベースに登録された膨大なタンパク質の情報を元に、それぞれのタンパク質の同定を行うことができます。

トランスクリプトーム解析に比べるとプロテオーム解析で解析できるタンパク質の数は少ないのですが、刺激に応答したたくさんの遺伝子の発現やタンパク量の変化を一度に調べることができるようになったのは画期的なことでした。また、予想もしなかった新しい遺伝子やタンパク質の発現変化もたくさん発見されました。さらに、非常に多くの遺伝子発現やタンパク量の変化が一度に明らかになるので、遺伝子やタンパク質の相互作用に生じる変化も予測することができるようになりました。

こうした予測には、遺伝子やタンパク質の相互作用に関するこれまでの膨大なデータをもとにした情報処理技術が使われています。網羅的解析は、微量の試料から高速で分析ができる技術の発達と、大量なデータの情報処理技術の進歩があって初めて可能になったといえます。

⑷明らかになる「生命現象」のしくみ

これらの技術によって、生命科学研究は飛躍的に進歩しました。まるごとの生物で観察された現象は、組織や細胞の変化として、さらには細胞の中の遺伝子やタンパク質分子の変化として捉えられるようになりました。

たとえば、食事をして血糖値が上昇すると、膵臓（すいぞう）からインスリンというホルモンが分泌（ぶんぴつ）されるという現象があります。膵臓の組織培養、膵臓のインスリン分泌細胞の培養により、これらの細胞が糖の刺激に応答してインスリンを分泌することが明らかになりました。

さらに培養細胞を使った研究を行うと、細胞の中に糖(グルコース)が入ると代謝されて細胞膜（まく）のイオンの透過性が変わり、細胞内カルシウムイオンの濃度が増加して細胞内に蓄えられたインスリンが細胞の外に放出される、という分子レベルのしくみが明らかになりました。

インスリンの作用を細胞に伝えるインスリン受容体遺伝子のノックアウト動物は生後数日で高血糖等により死亡してしまうこともわかり、動物の体内でのインスリンのはたらきの重要性も明らかになりました。

ヒトを含む生物の体の中で起こる変化を分子の変化として示すことができる生命科学研究は、今では農学を含めた幅広い分野で必要不可欠なものとなっています。

そして、こうした研究を通してわかってきたことのひとつが、生物現象を細胞、分子のレベルで見ると、生物種を超えた共通性が存在するということです。細菌などの原核（げんかく）生物と動植物などの真核（しんかく）生物には大きな違いがあるものの、細胞の基本構造の多くは共通であり、遺伝子の発現やタンパク質の合成を制御するメカニズムにも高い共通性があります。このことが明らかになるにつれ、分子レベルの研究を突き詰めれば、生物現象がすべて理解できるのではないかと考えられた時代もありました。

しかし、さらに研究を進めてわかってきたことは、生物はこうしたメカニズムを複雑に組み合わせて、生物種による多様性、細胞や組織による多様性、刺激に対する応答の多様性などを生み出しているということでした。生命科学の研究が、分子レベルへと対象を小さくする方向に展開する一方で、遺伝子改変生物を用いた研究や網羅的解析のように生物のふるまいの全体像をとらえる方向へも進展しているのはこのためです。生物で観察される現象を本当に理解するためには、まだいくつものブレイクスルーとなる技術が必要と考えられます。

3　生命を維持するしくみ

すべての生物は多くのしくみを使って、生体の置かれた環境に耐えながら生命を維持しています。これを実現する重要なしくみのひとつは、体外や体内の変化を感知して、この変化を生命に異常を来さない範囲に収めるしくみ、言い換えれば、「恒常性（こうじょうせい）」を維持するメカニズム、「ホメオスタシス」です。さらに生物はこの変化に「適応」するしくみも備えており、生体を取り巻く異なる環境に合った新しいホメオスタシスを実現して生命を維持していると言えます。

生命科学では、これらの生命維持のしくみを明らかにすることを研究のひとつのゴールとしています。そして農学ではこのしくみを利用して、新しい肥料・飼料・食品や薬などを使って生命活動を調節する、バイオマスなど生活に必要あるいは生活を豊かにする材料を生産する、環境浄化など生物が生きていく環境を整えるなどの手法の開発に取り組んでいます。

本章の筆者である私たちの専門は、農学のなかでも動物を使った生命科学ですので、ここからは、動物を例に話を進めたいと思います。

(1)環境の変化を細胞に伝えるしくみ

私たちヒトを含む動物は、どのようにして体外や体内の変化を感知しているのでしょうか。まず、体外の刺激は体表に存在するいろいろな外部感覚受容器によって受容され、体内に情報として伝えられます。五感(視覚、聴覚、触覚、味覚、嗅覚)などは、それぞれの刺激を感知する感覚受容器の働き、たとえば、眼、耳、皮膚、舌、鼻に存在するこれらの刺激を感じる細胞によって可能になっています。

一方で、体内の変化、たとえば食事後の栄養成分の血中濃度の変化は、いろいろな臓器に存在する内部感覚受容器によって感知されます。

そして、感覚器が感知した情報は、神経系、内分泌系、免疫系などを使って、反応すべき細胞に伝えられます。熱いものに触ると神経系から筋肉に刺激が伝わって手を引っ込める、食後に血糖値が上昇すると内分泌系が働いて臓器に糖を取り込む、細菌が体内に侵入すると、免疫系が細菌を攻撃するなどの応答がこれにあたります。

この際、神経系は神経伝達物質を、内分泌系はホルモンや成長因子などの分子を、そして免疫系はサイトカインやケモカインとよばれる分子などを使って、標的となる細胞に情報を伝えることが知られています。これらの物質は、標的細胞まで細胞外で情報を伝えるので「細胞外情報伝達因子」とよばれています。

細胞外情報伝達因子は、細胞表面や細胞内にある受容体(神経伝達物質、ホルモンや成長因子、サイトカインやケモカインを認識して結合するタンパク質)によって受け取られ、標的となる細胞内の化学反応を触媒(しょくばい)する酵素の活性や、いろいろな生体分子(タンパク質、脂質、糖質や核酸など)の量や質などを調節し、ホメオスタシスや適応を可能にしています。

このように、動物の情報伝達機構は、生体内外の変化をモニターし、標的となる細胞へ伝える「細胞外情報伝達機構」と、細胞外情報伝達因子の情報を細胞内に伝え細胞応答を引き起こす「細胞内情報伝達機構」の二段階に大きく分けることができます。

生体は数えきれないほどの情報伝達機構を備えています。そして、これらの情報伝達系が進化の過程でもよく保存されていることは、このしくみが生命維持に重要な役割を果たしていることを示しています。

農学をはじめとした動物科学では、調べたい動物体内の細胞外情報伝達物質の量や遺伝子発現量などを測定し、これらがその動物や標的となっている細胞にどのように情報を伝達しているかを調べ、さらにこれらが引き起こす応答を解析する、いわゆる「生命現象の解析」の研究が広く行われています。逆に細胞内あるいは細胞外情報伝達を制御することにより生体を調節しようとする応用的なアプローチ、たとえば、細胞外情報伝達因子の分泌を助けたり減少させたり、標的となる細胞での細胞内情報伝達を調節して作用を強めたり弱めたりする薬剤や食品の開発などがさかんに試みられています。

⑵ホメオスタシス

最初に説明したように、生命維持の重要なしくみのひとつは、恒常性の維持、「ホメオスタシス」です。くり返しになりますが、これは、生体内外の環境の変化に応答して生体の内部環境を一定に維持しようとするしくみで、食事をすると上昇する血糖値が、いろいろな臓器の糖取り込みや糖利用の促進によって速やかに低下することなどがその例です。

一般に、身体の最小の構成単位である細胞で起こっている化学反応(代謝反応などがその例ですが)は、前述した「酵素」というタンパク質によって触媒されています。酵素は、「基質」といわれる出発物質を「産物」という最終物質に変換する反応を助けています。酵素反応は、基質と産物の濃度により調節されており、基質濃度が増えると、この基質を利用する酵素反応が進み、基質が利用され産物が増えてくると、この反応の速度は低下し、平衡に近づくとやがて反応は停止します。このようにいつもの基底状態に戻っていく、すなわち、ホメオスタシスがひとつひとつの化学反応でも観察されるわけです。

私たちの身体を形作っている生体分子は、常に合成と分解を繰り返しています。たとえば、すべての細胞内タンパク質は、合成と分解により常に新陳代謝(しんちんたいしゃ)していますが、合成量と分解量が同じであれば、見た目にはこのタンパク質の量には変化がないように見えます。これが、「動的平衡(どうてきへいこう)」という概念です。このように細胞内では、代謝反応が活発に起こることによりホメオスタシスを実現しています。

ホメオスタシスを可能にするもうひとつの代表的なしくみは、「フィードバック阻害(そがい)」というメカニズムです(図4-3)。代謝反応やシグナル伝達など、いくつもの酵素反応が続けて起こるようなシステムでは、最終産物が多くなると、産物が上流の反応を抑制するという「しかけ」があります。これによって、反応がどんどん進まないようになっています。

また、先ほど紹介したように、神経伝達分子やホルモン、サイトカインなどの細胞外情報伝達因子は、標的細胞の表面や細胞内にこれらの因子と結合して細胞内にシグナルを伝える

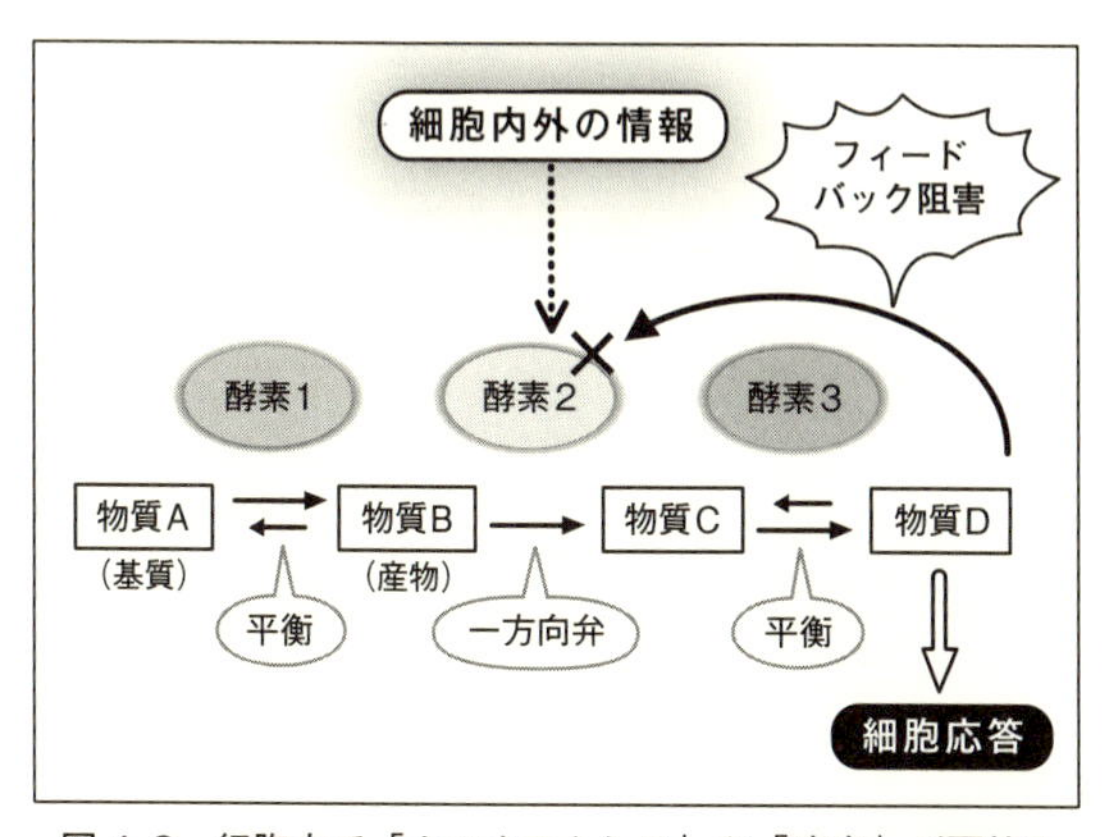

図 4-3　細胞内で「ホメオスタシス」や「適応」が可能となるしくみ。代謝の連続反応を例に説明すると、物質 A は 3つの酵素反応を介して物質 D に変換され、この物質が細胞応答を引き起こすとする。酵素 1 は、物質 A(基質) を物質 B(産物) に変換する反応を触媒しており、その平衡は物質 B の産生に寄っている。しかし、物質 B は酵素 2 の基質になっているため物質 C に変換され、これが酵素 1 の反応をさらに促進する。ところが、酵素 2 の反応は、通常の状態では物質 C を生産する方向にしか進まない。このような反応を「一方向弁」と呼ぶ。物質 C は酵素 3 により物質 D になり、細胞応答を引き起こす。一般に、一方向弁の酵素は調節酵素と言われていて、この反応の最終産物がフィードバック阻害を起こす場合が多く観察される。また、細胞外の情報は、細胞内シグナル伝達を利用して、この調節酵素の活性を制御し、その結果、細胞外の環境に応じた新しい「ホメオスタシス」を実現、すなわち「適応」が起こる

受容体というタンパク質を持っています。細胞外情報伝達因子の血中濃度が高くなると、受容体の量が減り、細胞内にシグナルを伝えにくくする、いわゆる「脱感作（だっかんさ）」が起こります。これもホメオスタシスの実現に一役買っています。

このように、生体は、化学反応のレベル、連続反応やシグナル伝達のレベルで、内外の変化に応答して恒常性を維持することが可能になっています。そしてこのしくみに異常が起こると、種々の病気におちいることになります。たとえば血糖値が上昇しても、インスリンが分泌されなかったりインスリンの作用が発揮されなかったりすると、血糖値は低下せず糖尿（とうにょう）病を発症することになります。

したがって、環境変化に適応したホメオスタシスを実現するための研究というのは、生命維持機構、さらにその異常発生機構の解明に必須であることがわかっていただけるかと思います。農学の研究者たちは、動物のみならず、微生物、植物、そしてこれらが生きていくさまざまな環境で、ホメオスタシスが可能になるような手法の開発に取り組み、さまざまな生物が健康に共生共存できる地球を目指しています。

(3) 環境変化への適応

表4-1　食事タンパク質とタンパク質代謝、成長との関係

食事タンパク質条件	タンパク質栄養状態	タンパク質代謝	結果
タンパク質量が必要量を満たしている（タンパク質の「量」が十分）かつ、すべての必須アミノ酸量が要求量に達している（タンパク質の「質」が良い）	良い	タンパク質同化が促進	成長期の動物：正常な成長 成長期を過ぎた動物：体タンパク質の蓄積
タンパク質量が必要量を満たしていない（タンパク質の「量」が不十分）あるいは、どれかひとつでも必須アミノ酸が要求量に達していない（タンパク質の「質」が悪い）	悪い	タンパク質同化が抑制	成長期の動物：成長遅滞 成長期を過ぎた動物：体タンパク質の損失

生体は多くの環境変化、たとえば、物理的因子、化学的因子、栄養因子や社会的因子などに「適応」して生命を維持していることも、みなさんがご存知のとおりです。

ここで、栄養状態と成長を例に考えてみましょう（表4－1）。摂取する食事に含まれるタンパク質に応答して、体を構成しているタンパク質（体タンパク質）の代謝が調節されていることは、古くから知られています。すなわち、タンパク質が必要量を満たし、かつすべての必須アミノ酸（自分で十分量生産できないアミノ酸）が要求量に達しているような食事を摂取しているような「良い」タンパク質栄養状態では、タンパク質同化（タンパク質を合成して体の一部を構成すること）が促進され、体タンパク質の蓄

積が起こり、成長期であれば動物は正常に発達・成長します。

これに対して、タンパク質が必要量に満たない、あるいはどれかひとつでも必須アミノ酸が要求量を満たしていない食事を摂取しているような「悪い」タンパク質栄養状態では、体タンパク質同化が抑制され、その結果、成長遅滞(ちたい)が起こることになります。すなわち、成長期に良質のタンパク質を十分に食べられなかった子どもは、体が十分に大きくならないというわけです。

これは、十分なアミノ酸が供給されていない状態では、その環境に適応して必要なタンパク質を優先して合成し、生命を維持するしくみと考えることができます。言い換えれば、この適応によって、生物は成長よりも生命の維持を選択しているわけです。逆に、このような適応ができなければ、生命の危機に陥ることになります。

生存に有利となるように生物が生活している環境に適応していく、これを長い目で見れば、進化を引き起こす要因ともなっています。私たちヒトを含めた動物は、これまでずっと飢餓(きが)との戦いに生き残ってきたので、飢餓に対する準備はたくさんできています。

しかし近年、人類の一部(世界では、まだまだ栄養の足りない人たちがたくさんいます)は飽食(ほうしょく)となり、肥満が大きな社会問題になっています。私たちの体の飽食に対する準備はとても脆弱なので、ホメオスタシスが維持できず、生活習慣病などの病気になりやすくなるからです。しかしこれも、このような状態が続けば、これに適応するしくみがこれからできていくものと予想されます。

農学では、生物の生命維持を可能にするために環境の変化を大きくしない手法だけではなく、環境の変化を生体に最小限の刺激として伝えるような手法、適応を助ける手法の開発なども進めています。

4　インスリン様活性と動物の一生

ここまで、生体の生命維持のためには、それぞれの動物が置かれている環境の変化をいち早く感知して細胞外情報伝達機構を稼働させ、生体を構成している細胞にその情報を伝え、これを受けて細胞内の化学反応の調節を介してホメオスタシスや適応を実現することが重要であることを説明してきました。

発生、成長・発達、成熟、そして老化というすべての過程において、動物はそれぞれ置かれた環境に対して適応を余儀なくされています。それぞれの過程を正常に進行させるために、多くの細胞外因子が重要な役割を果たしていることが知られていますが、そのひとつが、インスリンやこれに構造が類似しているインスリン様成長因子(insulin-like growth factor: IGF)です。これらのホルモンは、動物プランクトンからヒトまでの動物で共通して保存されてきました。

ここでは、インスリンとIGFの性質と、なぜこれらの生理活性(インスリン様活性と総称されています)が動物の健康な一生に重要かを説明します。

(1)インスリンとIGFの性質

インスリンとIGFは構造が類似しているのですが、明らかに異なる性質を有しています(表4-2)。インスリンは膵臓で合成され、分泌は糖やアミノ酸といった栄養素によって一過的に促進されるのに対して、IGFは肝臓をはじめとした広範な組織で生合成され、特にIGF-Iは成長ホルモン・インスリンといったホルモンやバランスのとれた栄養状態などに応答して合成が促進されています。成長ホルモンで動物は成長すると考えている方も多いと思いますが、じつは、成長ホルモンの成長促進活性のほとんどはIGF-Iが仲介しているのです。

表 4-2　インスリンとインスリン様成長因子(IGF)の性質の比較
[*Endocrine Rev.* 15: 80-101(1994)の Table 1 を改変]

	インスリン	インスリン様成長因子-I(IGF-I)	インスリン様成長因子-II(IGF-II)
生産器官	膵臓ランゲルハンス島 β 細胞	主に肝臓、その他広範	
分泌促進因子	グルコース、ロイシン、アルギニンなどの栄養因子、インクレチンなどのホルモン	成長ホルモン、インスリンなどのホルモン、バランスのとれた栄養供給	組織の発達
分泌形式	一過的で短期間で変動	日内変動がなく長期間かけて変動	
血中存在形態	遊離型	6種類の結合タンパク質と結合して存在する(主に、IGFBP-1 は IGF をクリアランス、IGFBP-3 は IGF の寿命を延長)	
作用を発現する主な受容体	インスリン受容体	IGF-I 受容体	

ＩＧＦには二つの分子種があり、もうひとつの分子種ＩＧＦ−Ⅱは組織の発達にしたがって、分泌が促進されています。一般に、ＩＧＦの産生分泌は一過的ではなく、生体の置かれた状況に応答して少しずつ変化する点もインスリンと異なります。

血中をはじめとした体液中では、インスリンは他のタンパク質などとは結合せず単独で存在していますが、ＩＧＦは６種類の特異的結合タンパク質(IGF binding protein: IGFBP)に結合して循環しています。それぞれのＩＧＦＢ

Ｐは結合したＩＧＦの寿命や活性を異なる様式で調節していることがわかっていて、たとえば、ＩＧＦＢＰ-1はＩＧＦの血液中からの除去(クリアランス)を促進し、ＩＧＦＢＰ-3はＩＧＦの寿命を延長します。

標的細胞でインスリンあるいはＩＧＦそれぞれに高い親和力で結合する受容体が存在しており、インスリン受容体とＩＧＦ-Ⅰ受容体は、やはり構造が似ていることが明らかになっています。受容体は、細胞外に存在するタンパク質と細胞膜を貫通するタンパク質とが二つ結合し、さらにこれらが二つ結合した四量体からできています。

それぞれのホルモンが、細胞膜外に存在する結合部分に相互作用すると、受容体の細胞内の部分に内蔵されているチロシンキナーゼ(タンパク質中のチロシンというアミノ酸をリン酸化する酵素)が活性化し、細胞内に存在する特定のタンパク質がリン酸化されます。

これを出発点として、シグナル分子同士が結合して次のシグナル分子を活性化する、あるいはシグナル系の上流にあるキナーゼが次のキナーゼをリン酸化して活性化する「リン酸化カスケード」などを介して複数の情報伝達系の下流にシグナルが伝えられ、最終的に広範な生理活性が発現することになります。

表 4-3　インスリンとインスリン様成長因子(IGF)の生理活性。細胞レベルでインスリンは、糖やアミノ酸の取り込みや、糖、アミノ酸、脂質などの同化反応(小さい分子から大きな分子をつくる、たとえば、グルコースからグリコーゲンをつくる反応)を促進し、代謝調節作用のような短期作用が強いのが特徴。生体に投与すると、血糖値を下げ、同化や成長を促進する。一方、IGF は、インスリンと同じような作用も持ち合わせているが、細胞の運命を決めるような長期作用、たとえば、細胞増殖や分化の誘導活性、細胞死の抑制活性などが強い点が特徴。そのため、生体に IGF-I を投与すると、②に示したような多様な生理活性を発揮する

①細胞レベルでの作用	②個体レベルでの作用
糖・アミノ酸の取り込み促進	血糖降下作用
糖利用促進・糖新生抑制	同化促進
脂質合成促進・分解抑制	成長促進作用
RNA 合成促進	細胞増殖誘導作用
タンパク質合成促進・分解抑制	骨形成促進作用
細胞遊走促進	神経栄養因子様作用
細胞分化誘導	エリスロポエチン様作用
細胞増殖誘導・細胞死抑制	子宮内発育促進作用
細胞がん化誘導　など	腎血流増加・腎細胞保護作用
	免疫増強作用
	創傷治癒作用　など

(2) インスリン様活性と動物の健康(表4-3)

インスリンは、脂肪細胞や筋肉に対して糖取り込みを促進し、グリコーゲン合成・脂肪合成・タンパク質合成や解糖(かいとう)系などを活性化しますが、逆にグリコーゲン分解や脂肪分解を抑制します。また、肝臓でもグリコーゲン合成や脂肪合成を促進しますが、糖新生(アミノ酸などから糖を作り出す)を抑制します。このように、糖利用を促進し糖産生を抑制することにより、血糖値を低下させるのが、インス

リンの役割です。

一方、ＩＧＦは、培養細胞を用いた解析からインスリンと同様に糖・アミノ酸の膜透過の促進、ＲＮＡ合成・タンパク質合成の促進など代謝性、特に同化促進活性を有することが明らかになっています。

しかしＩＧＦは、インスリンでは弱いと考えられている細胞の運命を決めるような長期作用、たとえば、細胞増殖や分化の誘導活性、細胞死（必要のない細胞の自殺）の抑制活性などが強い点が特徴です。

動物では、制御されたＩＧＦ活性が、正常な卵胞発育、着床、胎児発育、生後成長、成熟、タンパク質代謝を中心とした物質代謝、そして老化にも必要であることが示されてきています。

これらのホルモンの活性、すなわちインスリン様活性が過剰に増強されると過成長が起こり、がんになりやすくなることがわかってきています。また、逆に過剰に抑制されると、成長期には成長遅滞、その後は糖尿病、筋萎縮、神経変性疾患、動脈硬化、骨粗鬆症など高齢化社会で問題となる疾病を引き起こすことになります。

健康年齢をのばすためには、インスリン様活性を高すぎず、低すぎずの状態に維持することが重要になります。したがって、成長・成熟の異常や高齢化社会で問題となっている疾病を予防したり治療したりする際に、インスリンやＩＧＦが重要な標的になる可能性を示しています。

ここに述べてきたインスリンやＩＧＦの一生にわたる役割は、正常な動物を用いるばかりでなく、いろいろな栄養状態に置かれた動物や種々のホルモンなどを投与された動物、がんや糖尿病、動脈硬化や骨粗鬆症などの疾病モデル動物、インスリンやＩＧＦそのものやこの生理活性発現に関係したタンパク質の遺伝子を欠失させたり高発現させたりした動物や細胞を用いた解析により、わかってきました。

また、インスリン／ＩＧＦシステムのもうひとつの特筆すべき特徴は、線虫、昆虫、魚類、鳥類、爬虫類に至るまで保存されており、その生理的意義も共通していることです。そして、これらの事実は、医学領域の研究者だけでなく、農学領域、理学領域の研究者の協力によって明らかにされてきました。

(3)インスリン様活性の調節を利用した疾患の予防法と治療法の開発

このような研究は、「農学」を含めた動物科学から見ると、どのように利用できるでしょうか？

ＩＧＦやインスリンの活性が低すぎると、胎児期には子宮内発育不全、生後は成長遅滞、成熟後は糖尿病や早期老化を引き起こします。一方、この濃度やシグナルが高すぎれば、がんになるリスクが高くなることもわかってきていることは、すでに紹介しました。

したがって、これらの分泌量や標的組織でのシグナルを制御する技術や製剤は、これらの疾病を予防、あるいは治療する新しい手法や薬剤を提案することができます。ヒトだけでなく、動物の健康年齢を延伸するための新しい切り口となることは言うまでもありません。同時に、家畜や野生動物の生態や栄養状態を調べる上でも、これらの測定は重要な意味を持つことになります。

たとえば集団を作って生活する動物のグループリーダーはＩＧＦの血中濃度が高いというデータもあり、野生動物での動物行動の新しいマーカーとなる可能性もあります。

⑷インスリン様活性の調節を利用した生態系の制御

動物の寿命のプログラムは、ＩＧＦシグナルに書き込まれていることが、最近報告されました。すなわち、ＩＧＦシグナルが減弱すると、酸化ストレスに対して強くなり長寿命にな

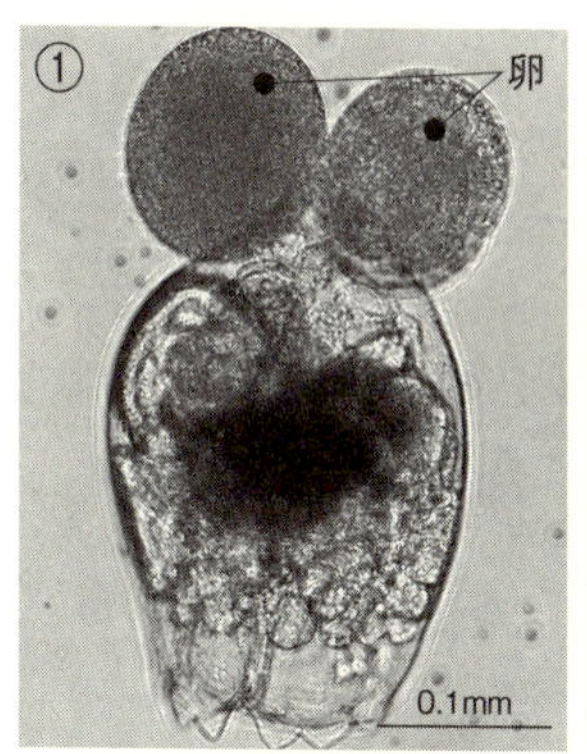

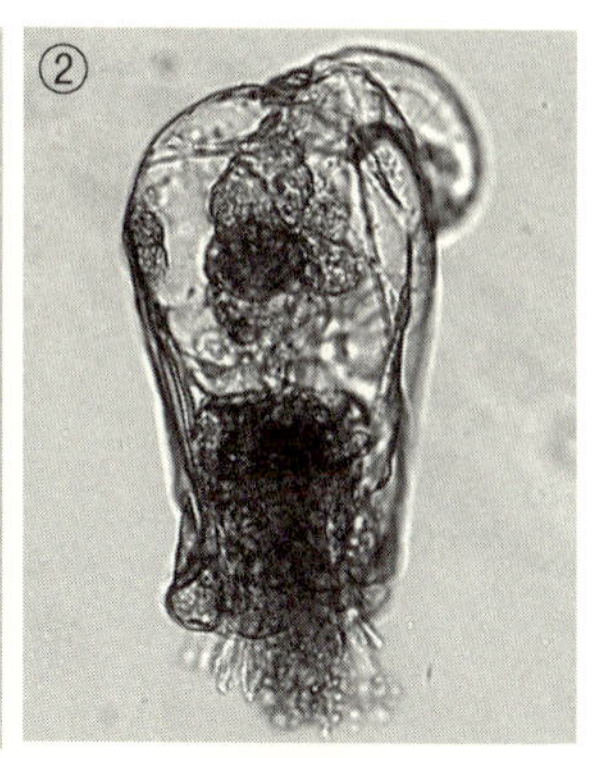

図 4-4　十分な栄養をとっているワムシと絶食後のワムシ。①十分な栄養をとっているワムシは丸々としていて卵を持っている。一方②絶食したワムシは小さくなってしまう
（写真提供：金子元氏、University of Houston-Victoria）

ります。これは、ワムシという動物プランクトンでも同様です（図４－４）。ワムシは、ＩＧＦの分泌量を調節することによりストレス耐性能力を制御していると考えられています。

栄養が豊富で多くのワムシが生存している場合には、ＩＧＦが増加してストレス耐性が低くなり、個体数は増加しますが、環境悪化で激減するリスクもあります。これに対して、栄養が低く個体数が少ない群では、ＩＧＦが低下しストレス耐性が高くなります。これを利用して動物プランクトンの量を調節できる可能性が示されています。

一方、個体数変動が調節されているワムシを餌（えさ）とする魚の個体数もこれを反映して変動することになります。この観点からすると、

ワムシのＩＧＦは魚の個体数を変動させる重要な因子ということができます。将来的には、これらの発現を制御することにより、海の生態系を調節することも可能になるかもしれません。

5　栄養状態とインスリン様活性

さて、インスリン様活性が動物の一生にわたって重要な役割を果たしていることは納得いただけたかと思います。動物の健康な一生は物質代謝の調節によって可能となっており、インスリン様活性は、種々の物質代謝を同化に傾けることも明らかにされています。

栄養状態が物質代謝に影響することは先に紹介しましたが、栄養状態に応答した物質代謝調節に、インスリン様活性は何らかの役割を有しているのでしょうか？

タンパク質の摂取量が十分でないときに起こるヒトの栄養失調の一形態として、「クワシオルコル」があります。この患児は、成長遅滞の他、手足の浮腫（ふしゅ）や腹部の膨張、脂肪肝などの症状を呈します。しかし、タンパク質栄養状態の悪化が、タンパク質代謝を制御して成長遅滞を起こす分子機構や脂肪肝を誘導する分子機構は、最近まで明らかにされていませんでした。

最近、これらの適応が「インスリン様活性」を介して可能になっていることがわかってきました。

(1) 生体の置かれた状況とインスリン様活性

これまで私たちは、成長期のラットの臓器や細胞を用いた解析で、絶食状態、あるいは摂取カロリーが必要量に満たないエネルギー欠乏状態、タンパク質の「量」あるいは「質」(栄養価)が十分でない食事を摂取している状態、成長ホルモンやインスリンが十分でない状態、副腎皮質(ふくじんひしつ)ホルモンやサイトカインが高濃度な状態(ストレスで負荷や炎症が起こっている状態)では、IGF-Iの産生が減少し、血中IGF-I濃度が低下することを明らかにしてきました。

このような生理状態では、IGFを分解して寿命を短くするIGFBP-1が血中で増加し、IGFを分解から守り寿命を延長するIGFBP-3の量が低下しています。さらに、標的細胞にIGFシグナルが流れない「抵抗性」(IGFが高濃度にあってもIGFの作用が発現しない)という状態が起こることがわかりました。

これらを反映して筋肉をはじめとした種々の臓器のＩＧＦシグナルが減弱し、その結果、細胞の増殖や分化が抑制されると同時に、タンパク質合成も抑制され、動物の成長が遅滞します。これは、生体がエネルギーを必要としている異化状態では、ＩＧＦ活性を抑制することにより成長を犠牲にして生命を維持しているホメオスタシスと考えることができます。

では、タンパク質の量を十分に取っていない動物のインスリンシグナルはどのように変動しているのでしょうか。最近、私たちは低タンパク質を給餌（きゅうじ）した低栄養状態のモデルラットの肝臓では、ＩＧＦの細胞内シグナルの抑制と反対にインスリンの細胞内シグナルが増強され、同時に糖新生が抑制され脂質合成が上昇していることを発見しました。その結果、この動物は脂肪肝となります。

この現象は、低タンパク質食を摂取している動物ではＩＧＦ活性が抑制され、筋肉などではタンパク質合成が抑制され、基礎代謝などに必要なエネルギーが減少しており、このため、おもなエネルギー源である糖が過剰となりますが、この余剰な糖は肝臓に取り込まれ、脂肪やグリコーゲンとして貯蔵されることがわかってきました。これは、私たち動物が、これまでの飢餓の危機を乗り越えるためのしくみとして発達させてきた適応の機構と考えることができます。

インスリンやＩＧＦといったホルモンの活性は、自身の合成・分泌で調節されるだけでなく、それぞれの時期や組織で、生体内外の環境に応答した情報との相互作用によって制御されていることがわかっていただけたかと思います。この緻密な調節機構によって、正常な生体の発達・成長・機能維持が、初めて可能となっています。

しかし、先にも紹介したように、この調節機構に異常が起これば、疾病に陥ることになります。

⑵インスリン様活性を利用した高品質な食資源の開発

ＩＧＦやインスリンのシグナル系は多くの動物で保存されており、これは栄養状態を変えることにより積極的なインスリン様活性の調節が可能であることを示しています。

低タンパク質食を摂取させた動物は肝臓に脂肪を蓄積することが明らかになったことはすでに紹介しましたが、この原理を鳥に使えば、ニワトリなどに白肝(フォアグラ)を倫理的に問題なく(無理やり餌を食べさせることなく)簡単に作ることができます。また、脂肪の蓄積を筋肉と肝臓の間でうまく調節できれば、霜降り(しもふ)りの肉や逆に脂肪が少ない肉や肝臓など高品質食資源を開発することも可能となります。すでに私たちは、一部の製品化に成功しています。

一方、ＩＧＦ遺伝子は動物の大きさを決めることが明らかにされており、イヌの個体サイズの指標であることが近年報告されました。また成長ホルモンやＩＧＦを身体全体で高発現する遺伝子改変ウシなどの作出も試みられてきています。

これらは筋肉量も増量しており新しい食資源動物として期待されていますが、遺伝子組換え食品となることから、利用が十分できない現状です。しかし、成長ホルモンやＩＧＦの遺伝子・タンパク質は、個体サイズを調節する「育種」の新しい標的であることは間違いありません。

このように、栄養状態に応答したインスリン様活性の調節に関する研究成果は、「農学」の領域でも新しい産業応用が考えられており、今後、いろいろな展開が期待できます。

6 「生命科学」と農学のミッション

ここで紹介したような研究は、決して農学に限った話題ではなく、医学や薬学、工学、理学に関わる人々の協力によって推進すべき学問領域であることは言うまでもありません。しかし、動物プランクトン、昆虫、脊椎(せきつい)動物までの動物種を研究対象とし、細胞から生態系までの広い視野に立った研究が必要で、研究成果を疾病や生体のモニターに用いるだけでなく、食品開発や生態系の制御にまで利用するという意味では、農学研究の醍醐味(だいごみ)を実感できる一例だと思います。

　いずれにしても、生命科学によって生命現象を追求する以上、ホメオスタシスと適応の問題に必ず到達します。その理由は、これが生物の生命維持の根本的なしくみで、生命の強さの原因だからです。

　人口増加や環境破壊、温暖化が急速に進む地球において、他の生物と共存共生を図りながら、地球上に人類が生き残る道を見出すことは、将来の人類に対する私たちの責務です。農学は、これまで人類の繁栄のために地球上の生物資源の利用を推進してきましたが、同時に生物生存の場としての地球に多くの問題も起こしてきたことは認めざるを得ません。これを反省し解決していくのが、今後の農学の大きな使命だと考えています。

　これらをふまえ、私と研究分野の仲間たちは、生物界全体を地球の一部として捉えて、全体の健康を考え生物が与えてくれる恵みをむだなく利用する手法を研究する「One Earthology(地球を守っていく学問)」という学問領域を創ることを提唱しています。このような手法を開発し実践する者を「One Earth Guardians(地球医)」と定義して、この育成を進めていきたいと思っています。

このためには、生命科学の理解は必須です。ぜひ、生命科学という観点から、自分が一〇〇年後の地球に何ができるかを考えてみてください。それが、まさに「農学から見た生命科学の重要性やおもしろさ」と言えると思います。

第5章

環境科学の挑戦

安田弘法
山形大学農学部

樹上から森や木を眺める体験活動
(山形大学農学部やまがたフィールド科学センター提供)

1　環境科学って何だろう

「農学」という言葉から、多くの人は、まずコメや果物及び野菜を生産する農業、農産物の生産を思い浮かべることでしょう。広い意味での農学は、農業だけでなく畜産業や林業なども含んでいます。農業、畜産業、林業などの産業は、野外の自然環境や温室などの人工的な環境の中で営まれます。これらの環境には、餌（えさ）となる生物、捕食者、競争者、共生者、寄生者などの生物的環境及び、畑や田んぼの土の硬さや酸性度などの物理的及び化学的環境があります。農学は、これらの環境と密接に関係した「環境科学」とも言えます。

みなさんは、環境科学という言葉から、地球温暖化、酸性雨、オゾン層や熱帯雨林の破壊など、地球規模で生じている環境問題を想像するかもしれません。もちろん環境科学はこのような問題も扱いますが、地球上にすんでいる多くの生物の生活の仕方と環境との関わり、さらには自然のバランスがどのように保たれているのかなど、私たちの身近な問題も扱います。

環境科学は、新しい学問分野ですが、私たちの祖先が地球上で生活を始めたときから、私たちの生活に密着した分野でした。たとえば、旧約聖書にはバッタの大発生が記してあり、古代ギリシアの哲学者・アリストテレスも紀元前四世紀に、バッタや野ネズミの大発生とその要因について記述しています。環境科学は私たちの生活と密接に関わっているので、二一世紀を生きるみなさんがぜひとも関心を持って積極的に学んでほしい分野でもあります。

環境科学の使命の一つは、自然の中で生活する生物の多様なつながりと、生物間の捕食や競争及び共生などの相互作用を知り、それらの生物が自然のバランスを成り立たせている機構を明らかにすることです。そして、生物のつながりの役割や自然のバランスの機構を理解することで、農林水産業を通じ私たちの生活に、それらを有効に利用することも可能です。

「山に木がなくなれば、海の魚は生きられない」と沖縄の古老（ころう）は言います。海を守るのは、森や里を流れる河川であり、森・里・海は相互につながり、お互いに影響を及ぼしています。しかし、森・里・海がお互いに関連しているのが注目され、そのようなつながりの役割とその重要性が指摘されたのは最近です。環境科学は、生物間のつながりだけでなく、森・里・海など環境のつながりとその役割の解明も扱います。

ここでは、環境科学の中から広い意味での農学に関係することを中心に、環境科学の最近の研究成果や研究のおもしろさを紹介します。

2　生物による生態系サービスと農業との関わり

環境科学は、別の言い方をすれば「生態学」と言えます。生態学は、森林や畑地及び河川など色々な生態系の中で、生物の生息域や数がどのように決まっているのかを明らかにします。生態系の中では、餌とその捕食者との捕食関係や餌をめぐる複数種の競争関係及び、アリとアブラムシに見られる共生関係などの種間関係があります。

生態系サービス(図5-1)は、最近使われるようになった生態学の用語で、農業にとても関わっています。たとえば稲(いな)わらなどの有機物は栄養循環に役立ち、ミミズなどの土壌(どじょう)生物は健全な土壌作りに貢献しています。さらに、畑の作物や雑草は、土地の水分を保持し、花に訪れる訪花性昆虫は受粉により果実や作物の生産に役立ちます。このように農業生態系の多様な生物やそれらの種間関係は、生態系の多面的なサービスに貢献します。

農業は、本来このような生態系サービスを活用する産業ですので、生態系サービスを知ることは農業を行うためにも重要です。生態系サービスは、大きく四つに分けられます。

図 5-1　4 つの生態系サービス

一つ目は、生態系そのものを持続させる支持機能（基盤サービス）です。これは、他の三つの生態系サービスを支えるもので、光合成による酸素の生成、水循環、物質生産、有機物の分解などがあります。

二つ目は、直接的な自然のめぐみで、水資源の供給、農産物や魚介類など農林水産資源を通じた食料の提供、さらに建築材や燃料など各種の材料の提供などです（供給サービス）。

三つ目は、洪水や土砂崩れなどの自然災害を防止する働きや、農作物を受粉させる訪花性昆虫の働きなどを調整する機能です(調整サービス)。
最後は、ハイキングや釣りなどのレクリエーションや、自然に由来するさまざまな事象をもとにした芸術、文化、宗教など、人間のさまざまな営みに関わる精神的な恩恵などです(文化的サービス)。

この生態系サービスを維持するのに、生物の多様性は不可欠です。たくさんの種類の生物が存在することによってはじめて、この生態系サービスが可能だからです。

これら四つの生態系サービスは、どれも広い意味で農業と関わりがあります。次節で詳しく述べますが、害虫防除に天敵を使う、害虫の生物的防除も生態系サービスの一つです。

たとえば、害虫防除に農薬を散布すると農薬により害虫を食べてくれるはずの天敵が減ってしまい、害虫には薬剤抵抗性が生じて薬剤が効かず害虫が大発生することがあります。このような状況から、農薬の使用はできるだけ少なくし、害虫のアブラムシなどを天敵のテントウムシなどで防除する生物的防除を中心にした総合的害虫管理が今、温室などの害虫管理として行われています。

3　環境保全と生物を活用する農業

農業は、化学肥料や化学農薬などの化学資材を使用する以前は、多様な生態系サービスを活用して環境を保全し、資源を循環させて営まれてきました。環境を保全し資源を循環させる農業（環境保全資源循環型農業）は、前述した害虫の薬剤抵抗性の問題などの反省に立ち今後の農業の一つの方向性を示しています。

このような農業の展開には、農耕地などを俯瞰（ふかん）し、その中の構成要素を有機的にとらえる環境科学の発想が必要です。なぜ、このような農業が重要になったのでしょう。これまでの農業で生じた問題を通じ環境保全資源循環型農業の必要性を一緒に考えてみましょう。

農作業を経験した人はよくわかると思いますが、畑で作物を作るには、まず、畑を耕して肥料をまきます。そして、作物の苗などを植え、病気や害虫が発生しないように農薬を散布し、作物を育てます。

日本を含む世界の多くの農業は、このように化学肥料で作物の生育を良くし、作物に病気や害虫の被害が生じる前に化学農薬を散布します。効率よく作物を生産する場合、このような農法は必要です。

この方法で収量は増大しますが、問題も生じます。たとえば、化学肥料や化学農薬の使用による環境への悪影響や病害虫の発生です。病害虫防除をするため農薬を散布するのに、農薬を使用すると病害虫が発生するのは妙だと思うでしょう。前述しましたが、農薬を散布すると農薬が害虫に効かなくなる薬剤抵抗性が生じることがあります。これは、農薬が使用されてから世界の多くの国や地域で経験しています。農薬抵抗性の獲得が早いときには、農薬散布後一年で害虫に薬剤が効かなくなることもあります。さらに、クモなどの天敵が農薬で死亡することによって、害虫が多くなることもあるのです。

また、化学肥料を多量に使用すると土壌が劣化し、土から健康を奪い、土壌環境が悪化します。そして、土中の栄養バランスが崩(くず)れることもあります。さらに化学肥料の多用による地下水の汚染なども生じます。

一方、化学肥料や化学農薬は、石油などの化石資源に由来し、この化石資源は三〇年後には枯渇(こかつ)するとの予測もあります。このような点から、今後の農業は化学肥料や化学農薬の使用はできるだけ少なくし、自然の物質循環や多様な生物の機能を活用し、環境を保全して資源を循環させる環境保全資源循環型農業が望まれているのです。

しかし、農家は、作物に病虫害が発生し、被害が生じると農産物の価格が下がるので、病

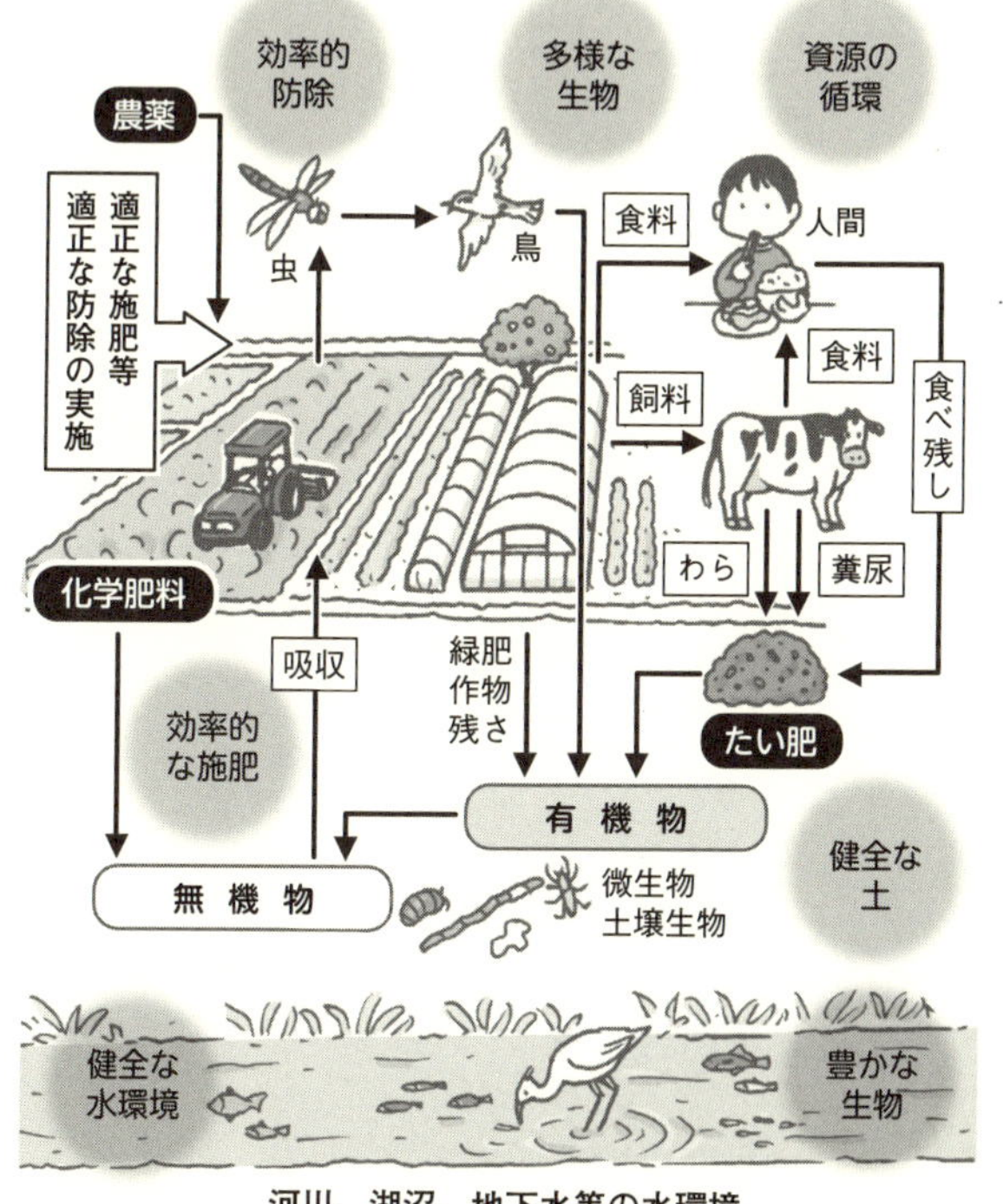

図 5-2　環境保全を重視した農業生産
（平成 20 年度　食料・農業・農村白書より改変）

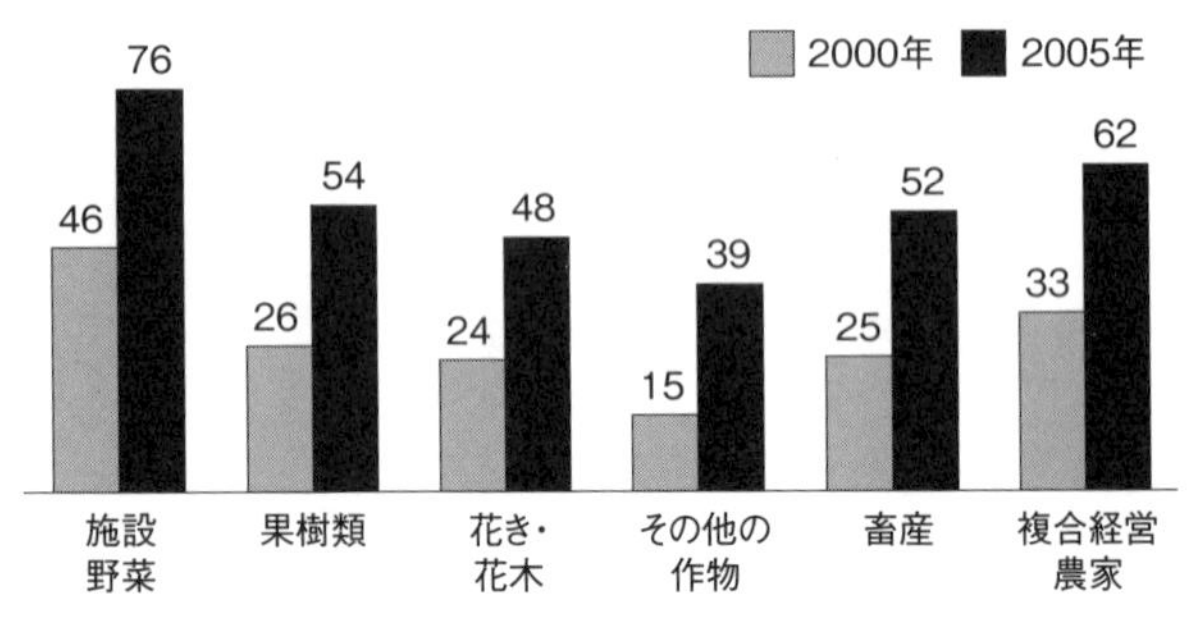

図 5-3　営農類型別にみた環境保全型農業に取り組む農家の割合
（平成 20 年度　食料・農業・農村白書から引用）

虫害が発生しないよう農薬を散布します。また、収量を上げるため必要以上に肥料を投入する傾向がありまず。「言うは易し、行うは難し」です。

環境保全資源循環型農業の実施は、そう簡単ではありません。環境保全を重視した農業の概要例を図5-2に示しました。このような農業では、広範囲な地域を対象に、それぞれの要因が有機的に結ばれ、環境への負荷を総合的に軽減することが必要です。

環境保全資源循環型農業に取り組んでいる農家の割合を二〇〇〇年と二〇〇五年で比較しました（図5-3）。このように、最近では環境保全資源循環型農業に取り組む農家も増加しています。環境保全資源循環型農業で生産した農作物を消費者が高い価格で購入すれば、このような労力のかかる農業も増加するでしょう。

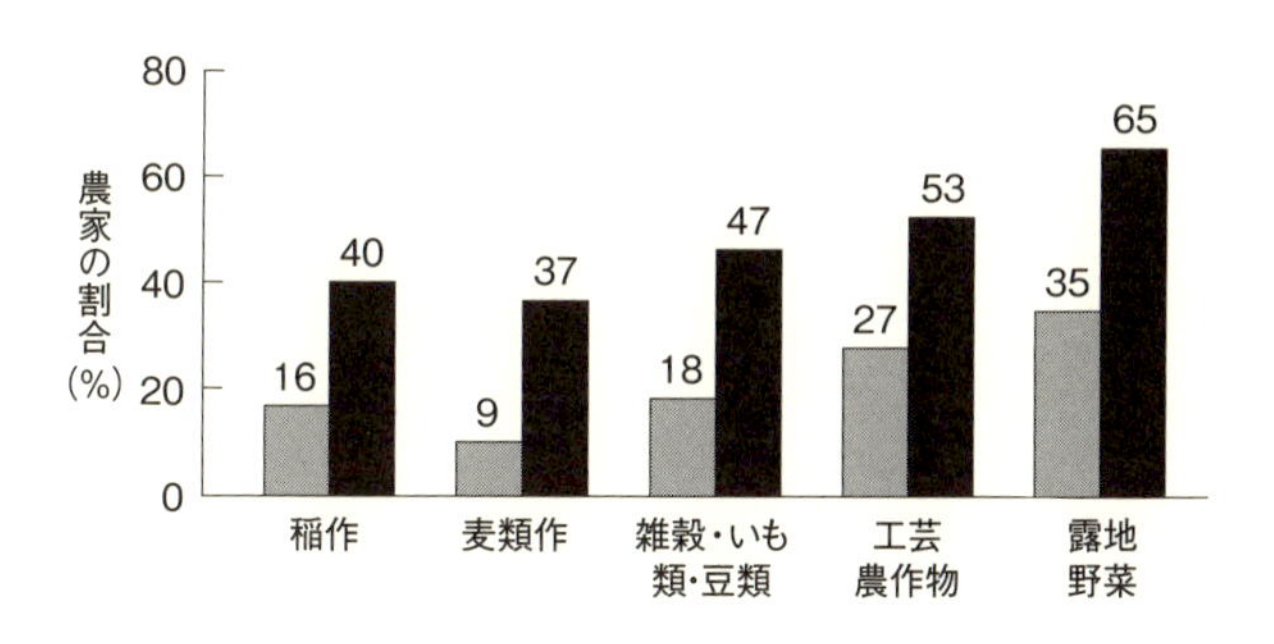

環境保全資源循環型農業の基本は土作りです。環境への負荷を少なくし、資源を循環させる土作りです。それには、化学肥料の使用を少なくし、農耕地の有機肥料として家畜糞尿（ふんにょう）などを活用して、資源を循環させることも一つの方法です。

これは、環境保全資源循環型農業につながります。しかし、化学肥料に比べると有機肥料の使用は手間がかかり、すぐに効果が表れるとも限りません。また、環境保全資源循環型農業の実施には、土作りにどのような有機物が好適であるか、有機物肥料による作物の生育への影響はどうか、作物への病気や害虫の被害程度はどうか、などの一連のつながりを明らかにする必要があります。このような研究も少しずつ進み、今後、成果が期待されるところです。

第3章で紹介したように、マメ科植物の根には窒素（ちっそ）

を固定する根粒菌（こんりゅうきん）が共生しています。土壌には多くの微生物や生物が生息し、互いにつながりを持ち複雑な相互作用を形成しています。そして、その相互作用は作物や病害虫を含む多くの生物の生存や発育に影響を与えています。化学肥料の軽減には、土壌微生物が植物の生育を促進させる機能を活用することも重要です。

地中には無数の微生物がいます。土壌一グラムには数億から数十億の微生物が生息しています。このような土壌微生物の中には、前述したマメ科植物と共生して根粒を形成する根粒菌があります(第3章も参照)。根粒菌が大気中の窒素をアンモニアに変換し、作物の生育を促進させることは古くから知られています。

最近、根粒菌以外の土壌微生物が植物の生育に及ぼす影響についても研究されています。このような土壌微生物を作物の生育に利用する方法は必ずしも普及してはいませんが、今後の環境保全資源循環型農業において重要な技術になる可能性があります。

ここでは、土壌微生物が植物・害虫・天敵に及ぼす影響を明らかにした最近の研究を紹介しましょう。

カビの仲間である糸状菌（しじょうきん）が植物の根の組織内に侵入することや、根の表面に付着して植物と共生しているものを菌根とよび、共生している糸状菌を菌根菌（きんこんきん）とよびます。陸上植物の七

〜八割がこのような菌根を形成し、この菌根菌の一種にアーバスキュラー菌根菌(AM菌)があります。

このAM菌の機能としては、リン酸や微量栄養素の吸収の促進、水ストレスに対する耐性の増大、病害耐性の増大、植物ホルモンの生産、土壌構造の維持などにより、植物の生育を促進することが知られています。AM菌が植物の生育を促進し、それが植食者の発育に及ぼす影響が明らかにされています。たとえば、AM菌を接種したヘラオオバコ(図5-4)は、植食性昆虫に対して摂食を阻害する物質を生産し、それによりガの幼虫の発育に負の影響を与えます。

SPETSGROBLAD, PLANTAGO LANCEOLATA L.

図5-4　ヘラオオバコ

また、最近、根に共生するAM菌が植物の生育を通じて、植食性昆虫とその天敵に影響を与えることが野外実験で明らかにされました。それによるとAM菌が寄生しているヒナギクはAM菌が植物の生育を促進させ、植物の構造が複雑になり、害虫のハモグリバエの被害が少なくなります。そして、ハモグリバエの天敵である寄生蜂の寄生率が低下しました（図5－5）。

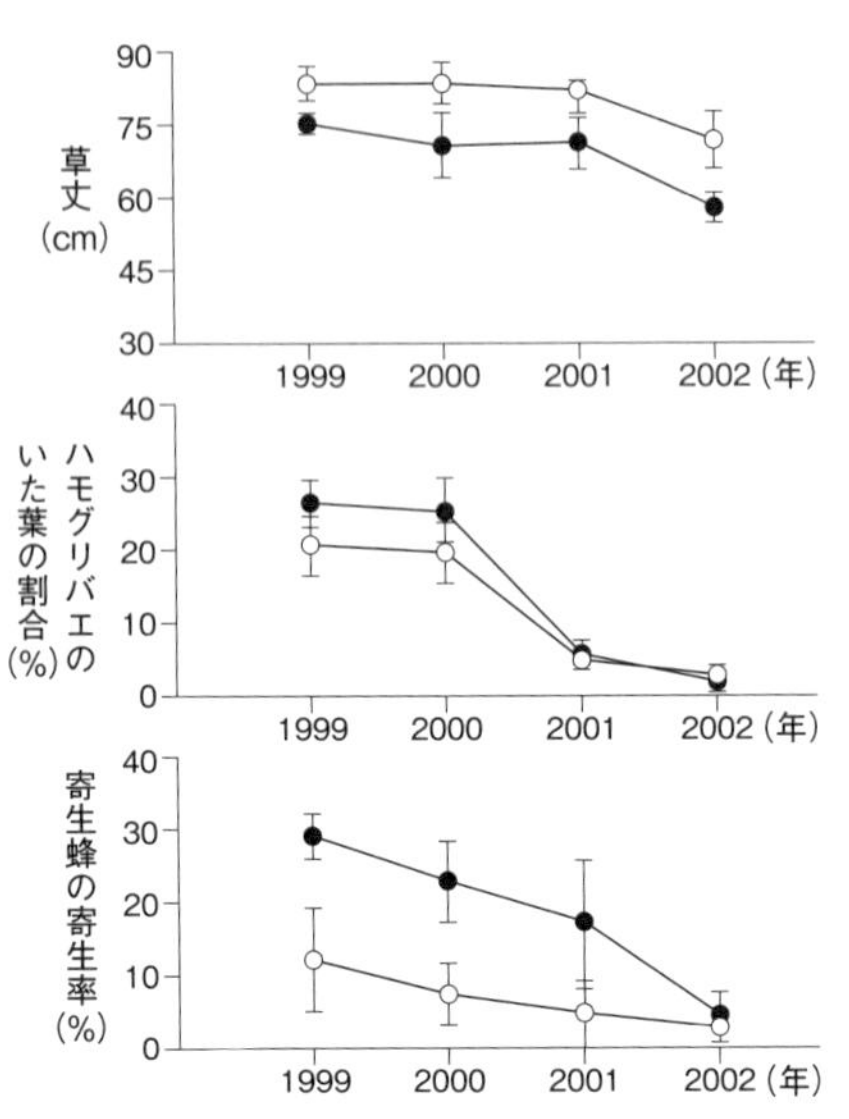

図 5-5　野外での殺菌剤処理が、ヒナギクの一種の草丈、ハモグリバエの割合、寄生蜂による寄生率に及ぼす影響。○は水を散布し、AM 菌を殺菌しない、●は殺菌剤を散布し、AM 菌を殺菌（Gange et al., 2003 より改変）

このような土壌微生物が植物・植食者・寄生蜂（天敵）に及ぼす影響を明らかにする研究は始まったばかりです。これらの研究では、土壌微生物が地上の生物間相互作用に影響を与えていることを示唆しています。

作物の生育に好適な働きをする土壌微生物の機能を解明し、農業生態系の土壌微生物と作物・害虫・天敵の相互作用を活用することで、化学肥料や農薬の多用により生じる問題を軽減できるかもしれません。

4　無肥料・無農薬・無除草剤でコメ作りに挑戦

環境を保全し、資源を循環させる究極の農業は、生態系サービスを活用し、肥料や農薬及び除草剤などの化学資材を使わない農業です。ここでは、このような農業の一つである、無肥料・無農薬・無除草剤でコメ作りに挑戦している研究を紹介します。

みなさんは、田んぼに行ってオタマジャクシなど田んぼの水辺の生き物、さらにはイネの害虫やその天敵を観察したことがありますか？　田んぼには、とてもたくさんの生き物が生活しています(図5-6)。矢野の報告では、動植物を含めると一〇〇〇種以上の生き物が田んぼに生息していると記されています(『水田の昆虫誌』矢野宏二、東海大学出版会、二〇〇二年)。

しかし、タニシやトンボの幼虫のヤゴなど水辺の生き物がイネの生育に果たす役割については、ほとんどわかっていません。あるとき、知人から「在来種のタニシがいるとお米の収量が増加していたように思う」との話を聞きました。これらの生き物は、イネを育てるのに

図5-6　タニシ、オタマジャクシ、ヤゴなど田んぼの水辺の生き物
（十円玉は大きさの目安を知るための目印）

重要な役割を果たしているかもしれません。

山形大学の研究チームは、一〇年前から「田んぼの水辺の生き物を活用し、無肥料・無農薬・無除草剤でのコメ作り」に挑戦しています。そのきっかけは、三〇年近く無肥料・無農薬・無除草剤でイネを作っている酒田市の農家の田んぼを見学したことです。そこには、ヤゴやタニシをはじめ数多くの生き物がいました。

その農家の方は、「イネを育てるには、雑草も必要だし、害虫もいた方がいい。多様な生き物がイネの生育に役立っている。水田では多様な生き物のバランスが重要だ」と熱く語っていました。

そして、「ヤゴ一匹が一グラムの糞をすれば、一〇〇万匹のヤゴからは一トンの肥料が出る。化学肥料は不要だ」、「六月早朝、ヤゴが一斉に羽化し、大空に飛んでいく姿は、まさに竜が大空を飛翔するようであり、トンボの英名ドラゴンフライ(dragonfly)が理解できた。トンボをはじめとする生き物に感謝し、それを大切にしないといけない」ともおっしゃっていました。

その田んぼには、ヤゴ、タニシ、オタマジャクシなど、たくさんの生き物が生息しています。私たちは、これらの生き物がイネの生育に及ぼす影響に興味を持ち、それを明らかにする研究を始めました。

さらに、この研究のリーダーの一人が、江戸時代の農書を読み、田んぼの草取りを通じて土壌を攪拌（かくはん）するとコメが増収になる記述を発見しました。この攪拌の重要性を発見したリーダーは、田んぼの水辺には光合成細菌があり、それが窒素を固定して藻類（そうるい）を作り、土壌攪拌により窒素を含む藻類を、土の中に埋め込むことでイネが肥料として利用しやすくなるのではないか、と考えました。

図5-7に土壌攪拌一日後と一〇日後に作られた藻類を示しました。一日後には、まったく藻類は見られませんが、一〇日後では多量の藻類がありました。攪拌することでこの藻類が地中に埋められ、新たな藻類が作られます。攪拌回数とコメの収量の関係を調べたところ、ある程度の攪拌回数の増加によりコメの収量が増加しました。

さらに、タニシは餌としてこの藻類を摂食するので、その排泄（はいせつ）物は窒素を多く含んでいます。タニシはすごい勢いで藻類を摂食し、糞をします。実験圃場（ほじょう）の田んぼにタニシを放した

1日後　　　　10日後

図 5-7　田んぼの土壌攪拌1日後(左)と10日後(右)の水中の藻類の状態(写真提供：荒生秀紀氏)

区と放さない区でコメの収穫量を比較したところ、タニシを放した区では、放さない区より一反(一〇アール)当たり七〇キログラムのコメが増収しました。おそらくタニシの糞などが、肥料としてイネの生育に役に立っているのでしょう。

五年前から我が家の近くで一反の田んぼを三つ借りて、タニシがイネの生育と水辺の生き物、さらにはイネ上の害虫や天敵に及ぼす影響を明らかにする実験を始めました。

この実験のために、一反の田んぼを半分に区切り、一〇〇〇匹のタニシを放す区と放さない区で三年間、田んぼの生き物の数を調べました。さらに田んぼの攪拌除草がイネの生育に好適であるとの江戸時代の農書を参考に五月下旬から七月上旬まで毎週一回、合計八回、除草機を押し、土壌攪拌も行いました。

このような無肥料・無農薬・無除草剤で土壌攪拌とタニ

シなどの生物由来の養分によりイネを育てる実験を行っていると色々な変化が現れました。実験を開始して三年目から赤トンボが増え、さらにツバメも増加し、最近はサギも飛来するようになりました。これは農薬や除草剤を散布しないので水辺やイネ上の生き物の生存率が上がって個体数が増え、それを餌とするツバメなどが増加したと考えています。さらにサギは、餌となるタニシなどが多いので飛来したのでしょう。日本を代表する鳥だったトキは、日本産のものが絶滅(ぜつめつ)して久しくなります。生き物は餌がなくなれば絶滅すること、また、餌が増加すると集まってくることを実感しました。

私の実験田んぼは農薬を散布しないので、害虫や病気が出ると思われますが、これまでの実験では、被害が生じるほどの害虫の発生はなく病気もほとんど出ていません。

肥料や農薬を散布する通常の田んぼの慣行法水田と肥料も農薬も使わない自然共生型水田でイネの害虫、コバネイナゴの数と発育を調べてみました。その結果、肥料や農薬を散布する慣行法水田で、コバネイナゴの数は多く、発育が良くなりました(図5−8、図5−9)。

この結果から、肥料を使うとイネの生育が良くなり害虫が多く発生し、そのような水田では農薬が必要だと思われました。一方、自然共生型水田のイネは、タニシなどの淡水生物からの適度な栄養によりイネが健全に生育し、害虫の発生も少なく、農薬は不要でした。また、

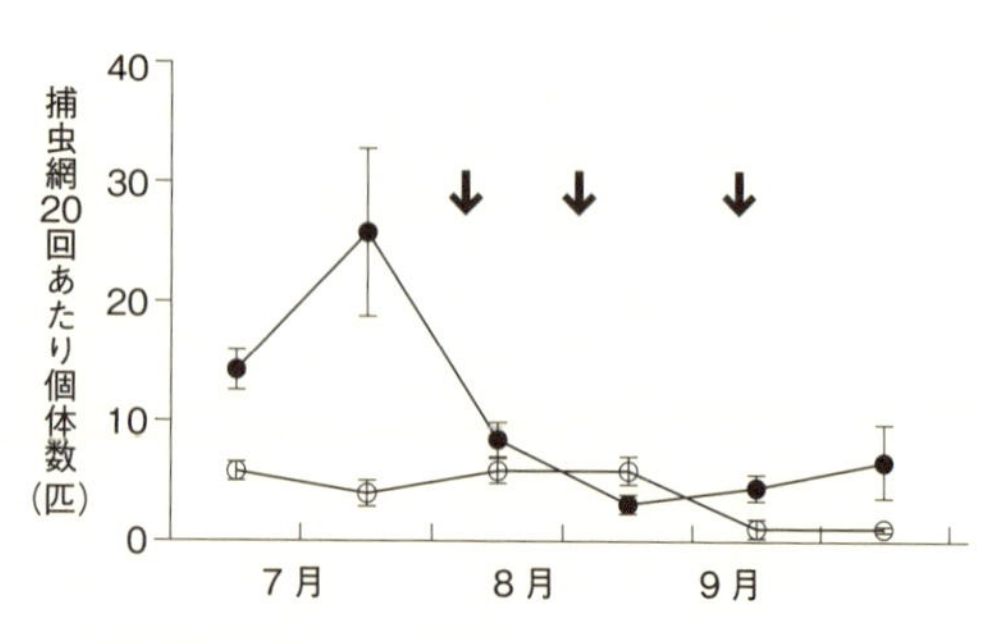

図 5-8　慣行農法(●)と自然農法(○)水田のコバネイナゴの個体数(Dina et al., 2015)。矢印は、慣行農法水田で殺虫剤を散布したことを示す

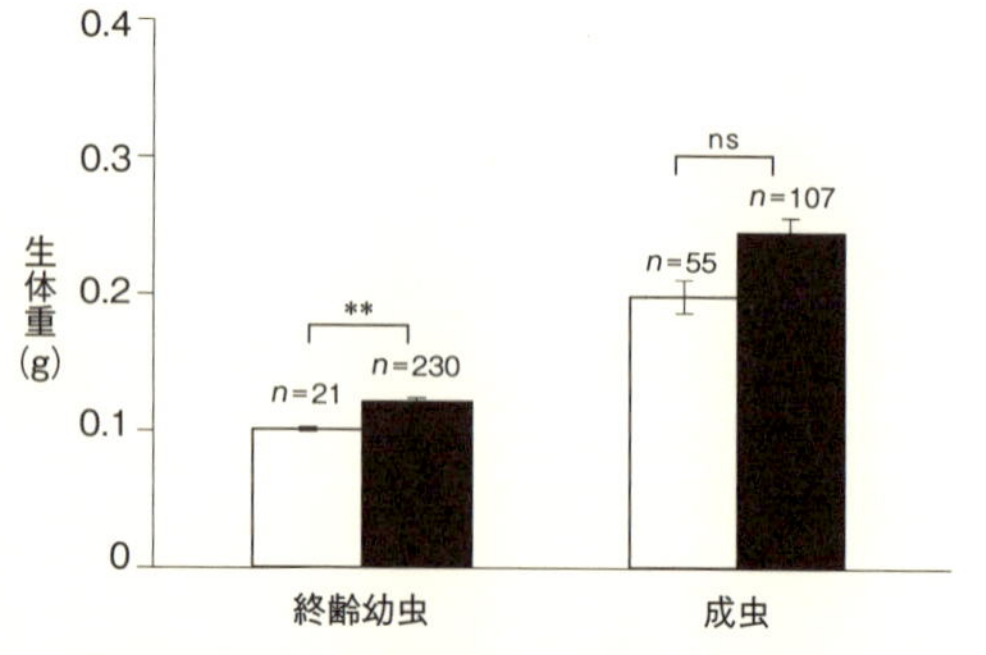

図 5-9　慣行農法(■)と自然農法(□)水田のコバネイナゴの生体重(Dina et al., 2015)。図中の *n* は、標本数を示す。＊＊は、統計的な有意差を、ｎｓは、有意差がないことを示す

このような水田のイネは、ほとんど病気にかかりませんでした。

医学用語に「メタボリックシンドローム」という言葉があります。中高年の人が、おいしく栄養価の高い食事を摂（と）って運動をしないとお腹がでっぷりと出てくる「内臓脂肪症候群」と呼ばれる状態のことです。こうなると糖尿病や高血圧など色々な生活習慣病にかかります。イネを多肥で育てると栄養過多で、害虫が好み病気におかされる「メタボリックシンドローム」のイネになるのでは、と考えています。

一方、自然共生型水稲（すいとう）栽培のイネは、適度な養分により健全で病害虫に強いイネかもしれません。今後、この仮説を明らかにする予定です。

自然共生型水稲栽培の課題は、慣行法栽培に比較して現状ではコメの収量が少ないことです。これから、自然共生型水田でのコメの増収に向けた試験も行うところです。自然共生型水田の田んぼでは、生物のバランスを保ちながら、生き物の力を活用し、肥料や農薬などを使わないイネ栽培が可能でした。このような生態系サービスの活用は、今後の農業では重要に思います。

生態系サービスを利用して環境を保全し、資源を循環させる究極の農業、自然共生型水稲栽培を紹介しましたが、このような農業は、これからの農業です。

多くの農家は作物の病気や害虫が発生すると農薬を使用し、病害虫の被害を軽減させます。害虫は、もともと日本にすんでいた在来の土着害虫もいますが、外国から侵入して重大な被害を与える外来害虫もいます。ここでは、外来種が引き起こす問題を紹介しましょう。

5　海外からの生き物とそれが私たちの生活に与える影響

生き物は、その種に固有な分布域を持って生活しています。たとえば、春先に雑木林で群生しているカタクリの花に飛来するギフチョウ(図5-10)は、日本のみで生息する固有種です。外来種とは、過去あるいは現在の固有の分布域以外の地域に侵入した種のことです。新しい地域に侵入するとそこで生活できずに絶滅する種もいますが、新しい環境に適応して個体数を増加させる種もいます。

このような外来種は、その地域に固有な種の生存に影響を与え、在来種の個体数が減少することも多くの例で示されています。このようなことから海外から動物や植物を持ち込むことは法律で禁止されています。しかし、最近では海外原産の昆虫や魚及びトカゲなどを含む多くの生き物がペットとして日本に輸入されています。それらの生き物が逃げ出したり、有害生物の駆除のために導入された外来種が日本固有の在来種の数を減少させ生態系のバランスを崩している例があります。

このような外来種が生態系や生物多様性及び人の健康や生産活動などにもたらす望ましくない影響やそれに生起する問題を「外来種問題」と呼びます。日本における外来種は、哺乳類二八種、鳥類三九種、魚類四四種、昆虫類四一五種、植物一五五一種を含む多くの種が記載され、色々な問題を起こしています(『外来種ハンドブック』日本生態学会編、地人書館、二〇〇二年)。

捕食者による在来種への影響としては、一九一〇年に沖縄のハブやイタチを駆除する目的で導入されたインドなどが原産のマングースの例があげられます。このマングースは、結局ハブやイタチの駆除にはあまり役立ちませんでしたが、沖縄の固有種で希少種のヤンバルクイナ(図5-11)などを捕食し、ヤンバルクイナ

図5-10　ギフチョウ(写真：123RF)

図 5-11　ヤンバルクイナ（写真：123RF）

の個体数や分布域が著しく減少しました。

植物の例では、外来種のセイタカアワダチソウがあります。これは二～三メートルの草丈になり在来種との光をめぐる競争に優位であることや、種子及び地下茎による繁殖力の旺盛さなどによって、日本の多くの地域で分布を拡大しています。

一方、外来種は農林水産業にも多くの負の影響を及ぼしています。ニガウリやキュウリなどウリ科の作物の重要害虫にウリミバエという体長八ミリメートルほどの小さなハエがいます。このハエはキュウリなどに産卵し、孵化した幼虫はキュウリなどの中で生活する害虫です。

ウリミバエは、日本の固有種ではありません。一九一九年に八重山群島で初めて発見され、その後、南西諸島を北上して一九七三年には沖縄諸島、さらに一九七四年には奄美諸島で発見されました。このウリミバエの侵入により、ニガウリを沖縄や奄美大島などの南西諸島から九州以北に持ち込むことが禁止されました。

このウリミバエを根絶する事業が、一九七五年から実施されました。これは、オスにガンマ線を照射し、不妊虫として野外に放飼する事業です。この不妊オスと交尾したメスは未受精卵を産むことから幼虫が孵化せず、個体数を減少させて根絶します。これは不妊虫放飼法による害虫防除と呼ばれています。

沖縄本島では一九八六年に不妊虫の放飼が開始され一九九〇年に根絶が確認されました。南西諸島での根絶事業は、二二年間に延べ従業者数三二・八万人、総放飼頭数五三〇億頭、直接経費一七〇億円が投資されました。このようなウリミバエ根絶事業から、外来種が侵入するとその根絶には莫大な予算や労力がかかることが理解できると思います。

さらに外来種は、日本の林業や漁業にも影響を与えています。松を枯らす松枯れの重要な原因であるマツノザイセンチュウによる松枯れやガの一種アメリカシロヒトリによる街路樹の加害なども外来種問題の例です。また琵琶湖などでは、外来種で北米原産のブルーギルやオオクチバス(ブラックバス)が在来種のモツゴなどの漁獲高を減少させているという報告もあります(図5-12)。このように外来種が侵入すると農林水産業に多大な被害が生じることがあり、動物や植物検疫を通じて外来種の侵入は厳しく規制されています。

作る集団を「生物群集」と呼びます。ここでは、生物群集での多様な生物の役割を紹介します。

みなさんは、アフリカのサバクトビバッタなど、特定の生物が大発生したというニュース

図 5-12　オオクチバス(写真：123RF)

6　生物群集での多様な生物の役割

外来の害虫の中で、第二次世界大戦後に侵入した街路樹などの重要害虫に、ガの一種、アメリカシロヒトリがいます。この幼虫は広葉樹の葉を餌としますが、じつは広葉樹がたくさんある森林には侵入しません。これは、森林には鳥やアシナガバチなど多様な捕食者がいるからだと言われています。

このように、多様な生物は、生態系の中で、ある特定の種が大発生しないように色々な役割を果たしています。水田には、イネを餌とするコバネイナゴなど多くの害虫と、それを捕食する天敵がいます。このような複数種の生物が集まって

を、日本ではあまり聞いたことがないでしょう。なぜ、大発生しないか考えたことがありますか？　生物が大発生しないことを「生物が安定している」と言うこともあります。

私は大学生の時に山形大学の小林四郎先生が発表された「生物群集の複雑性と安定性」という論文を読み、生物群集の安定性、別の言い方では、生物が大発生しないことに興味を持ちました。その時から、生物群集に安定化機構、すなわちある特定の種が大発生しない機構があるなら、それを明らかにしたいと思いました。

このような思いを大学院の指導教授に話すと、「生物群集は複雑で五年間の大学院の研究で安定化機構を明らかにするのは無理だ。それでも生物群集の研究がしたいのなら、動物の糞を餌として生活している糞虫(ふんちゅう)(食糞性コガネムシ)を材料にしたらどうだ」と助言されました。

糞には、それを餌とするたくさんの種類の糞虫がやってきて、糞の中や直下の地中で生活しています。それゆえ糞虫は、多くの生物の数がどのようにして決まっているかを明らかにする生物群集のよいモデルシステムです。糞虫群集の研究を始めて、私は指導教授がおっしゃった群集研究の難しさを痛感しました。

『ファーブル昆虫記』を読んだ人は、「タマオシコガネ」として糞玉を後脚で転がす糞虫を知っているでしょう。これらの糞虫は、コラム5-1で紹介するように農業にも役立つ益虫の仲間です。ある種の糞虫は動物の糞を玉にして地中に埋め込み、そこに卵を産み、卵から孵化した幼虫は糞玉の中で動物の糞を餌に生活します。それゆえ、糞虫は動物の糞を地上から地中に埋める「掃除屋」です。この糞虫がいなければ、ウシなどの放牧は困難です(コラム5-1参照)。

ここでは、なぜ糞虫が大発生しないのか、糞虫を材料にした生物群集の安定化機構を明らかにした、私の研究の一部を紹介します。

私は、愛知県、長野県、山形県の四つの地域、八つの放牧地で約二〇年間の野外調査を実施し、糞虫群集の安定性に関する研究を行いました(図5-13)。ここでの「安定性」とは、各種の個体数の順位の変化が少ないことを意味します。言い換えると、数の多い種は年月が経過しても数が多く、数の少ない種は常に数が少ない。個体数の順位が変化しないということです。

私の調査地の糞虫は、生活の仕方の違いから、小型で糞の中に産卵する体長五ミリメートル程度の小型種と、体長一センチメートル以上で糞直下の地中に穴を掘り、幼虫の餌として糞塊(ふんかい)を埋めて産卵する大型種の、二つのグループに分けられました(図5-14)。調査した八

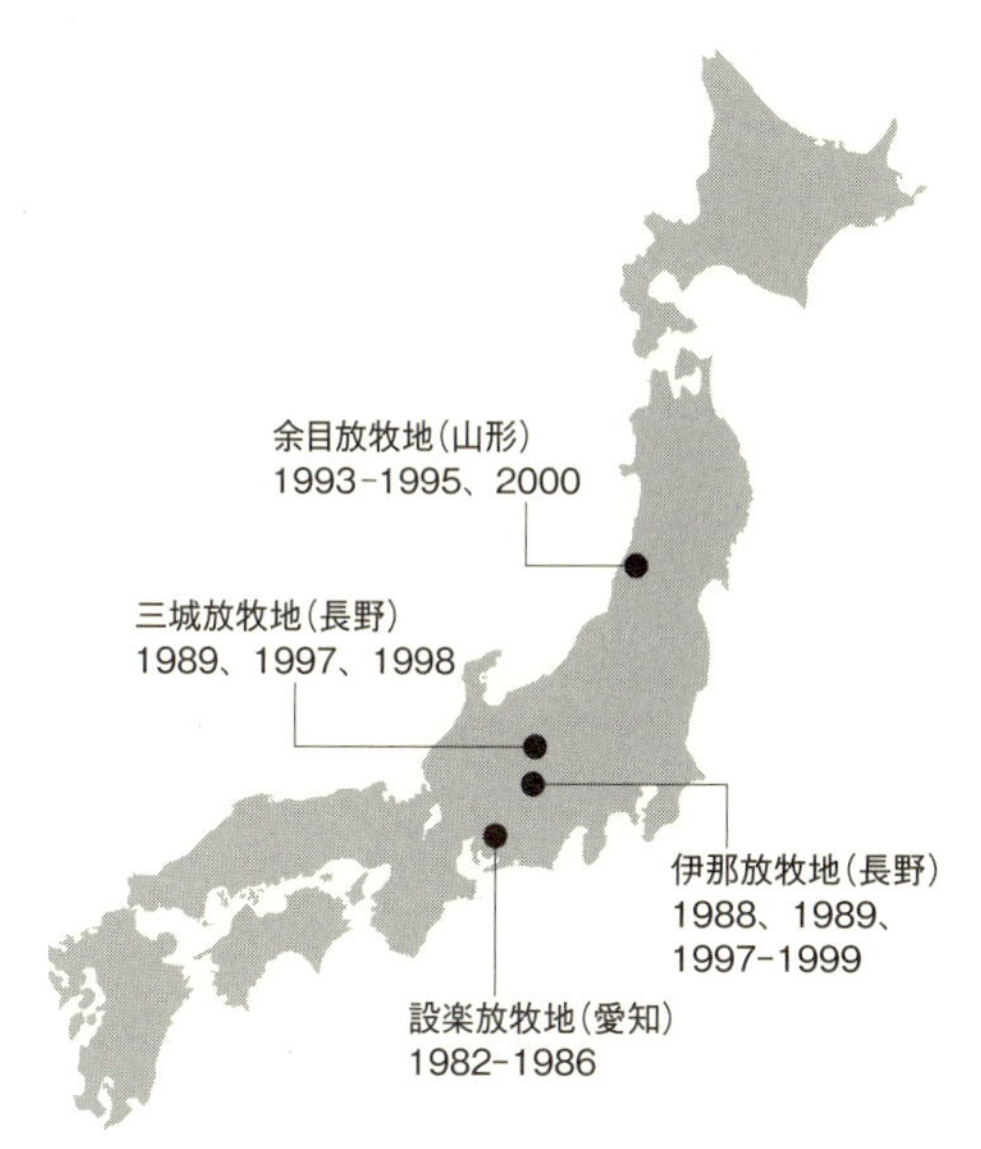

図 5-13　これまで実施した糞虫の野外調査の場所と調査年

図 5-14　愛知県設楽放牧地での糞虫
（上２列が小型種、下２列が大型種）

つの放牧地の中から、結果を解析した三つの放牧地について紹介します。

これらの放牧地の糞虫種数は、一一種から一五種でした。一年間に採集された全ての糞虫に占めるそれぞれの糞虫の割合を三つの放牧地に分けて示したのが、図5-15です。その結果、個体数の多い二~三種とそれ以外の個体数の少ない種に分けられ、これは五~一〇年経過しても変わらず、このことから糞虫群集が安定していると言えました。特に、それは小型種より大型種で顕著でした。

この安定化の機構として、大型で個体数の多い種では、成虫の産卵場所をめぐる種内競争が重要で、個体数が増加すると産卵場所での種内競争が厳しくなり産卵数が少なくなる一方、個体数が少なくなると産卵場所での競争が弱くなり産卵数が増加します。

このように成虫個体数により産卵数が変化することを「密度効果」と呼びますが、この密度効果により個体数が安定していました。

また、大型で個体数が少なく、個体数の多い種と産卵時期や産卵の仕方が似ている種では、個体数の多い種との産卵場所をめぐる種間競争によって産卵数が少なくなり、それが個体数の少ない要因の一つと思われました。生物群集の研究を始める動機となった小林先生の論文に出合ってから七年目にその一端を明らかにする事ができたのです。

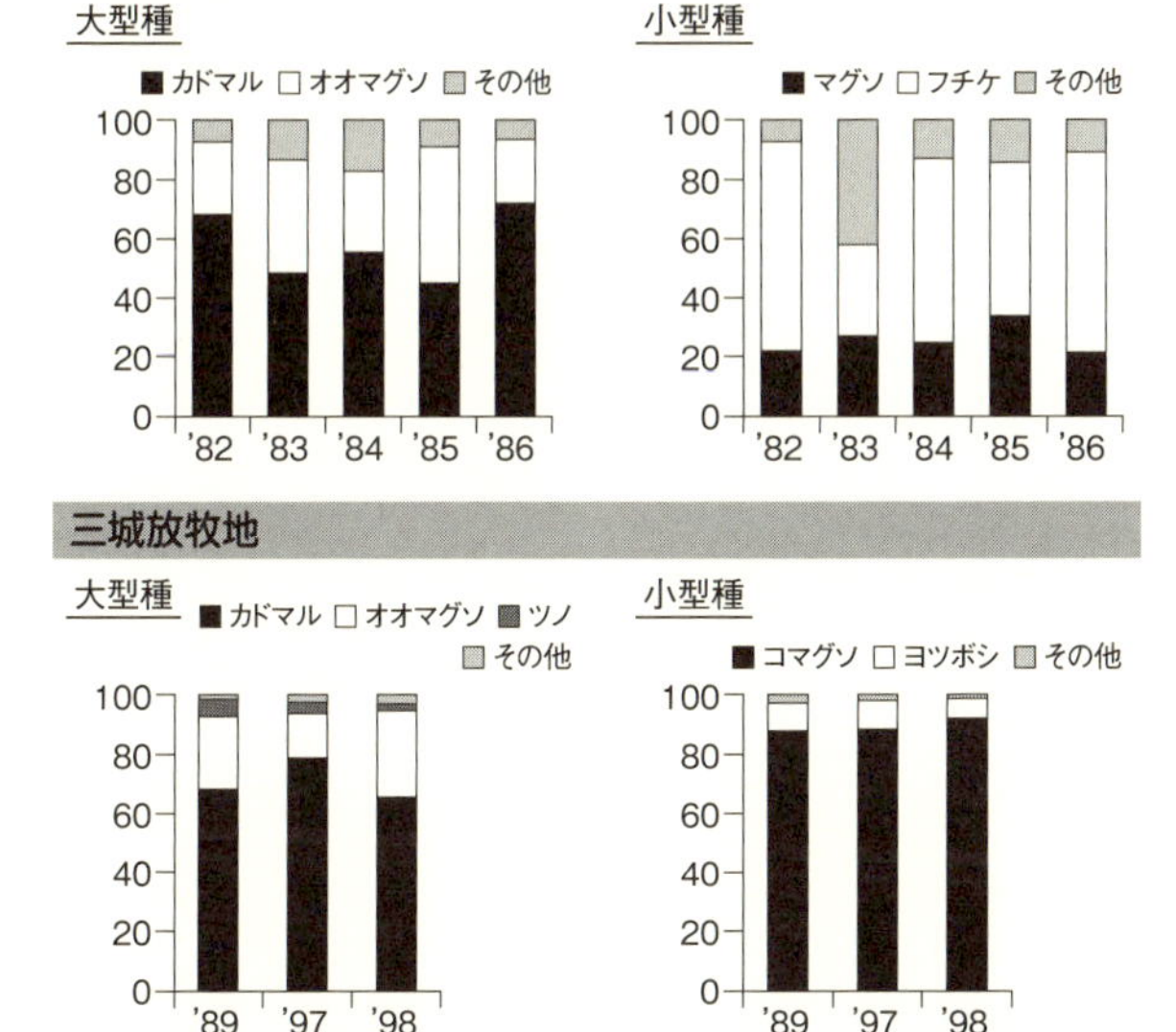

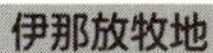

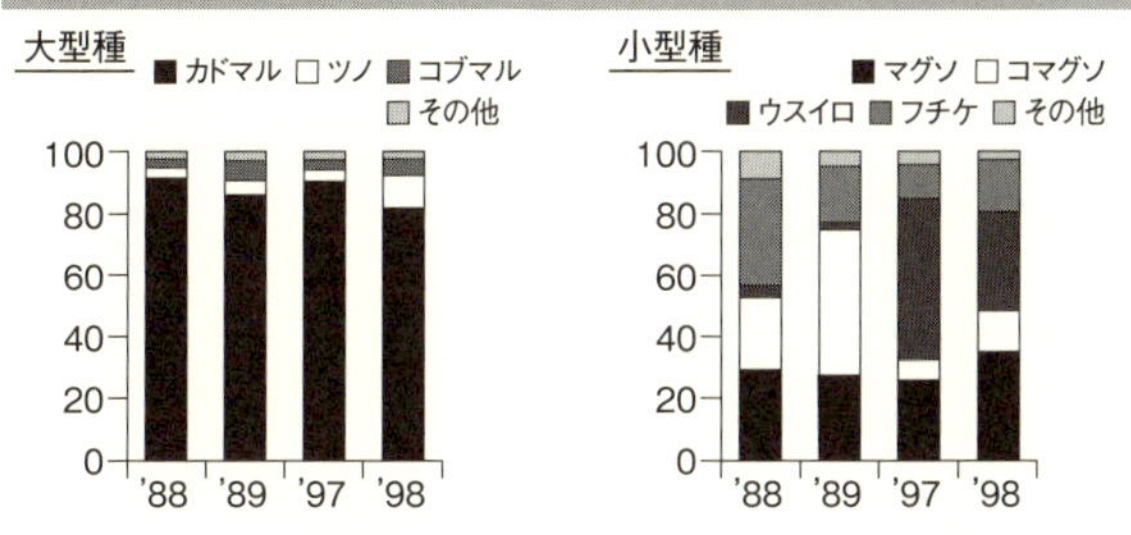

図 5-15　三つの放牧地での各調査年で採集された大型種と小型種の糞虫に占めるそれぞれの糞虫の割合。たて軸の単位は %、横軸は調査した年を表す

自然科学の研究手法の一つは、いくつかの場所で長期にわたり見られるパターンを発見し、その機構を解明することです。糞虫群集の研究では、二〇年間で三つの異なる県、八つの放牧地の調査を通じ、特に大型種の種ごとの個体数順位の変化は少なく安定した群集であることを明らかにしました。そして、その機構としては、産卵場所での種内・種間競争が重要でした。

このような長期にわたり、複数地域で類似したパターンが示された生物群集の研究は多くはありません。自然のバランスの決定機構を解明するのは、時間と労力がかかる大変な仕事です。そして、これは環境科学の特徴の一つかもしれません。

愛知県の放牧地では、一五種の糞虫が生息していました。糞虫の種数が多いこと、色々な種がいることの役割は何でしょう。

種数が多く多様性が高いと、生活の仕方が違う種も多くなります。たとえば大型の種は、産卵時期が春や夏及び秋と分かれています。産卵時期に糞を地中に埋め込み産卵することから、産卵時期の多様性は、産卵場所をめぐる種間競争の緩和(かんわ)につながり多種が共存可能となります。また、放牧地での「掃除屋」の観点からは、季節を通じて糞の埋め込みが可能で、常に放牧地から糞が除去される効果もあります。

多様な種がいることで糞虫群集が存続する期間が長くなり、群集の安定性が保たれると思われます。

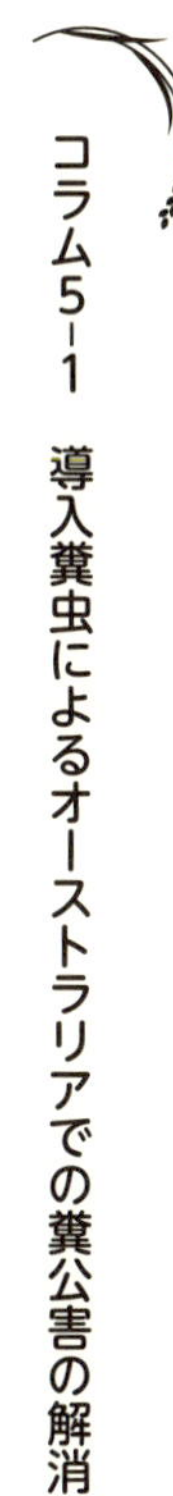

コラム5-1　導入糞虫によるオーストラリアでの糞公害の解消

オーストラリアにはもともと、固有の大型哺乳類がいませんでした。一八世紀に西欧人が移住してウシ、ウマ、ヒツジなどの大型動物の放牧が行われ、それらの動物が排泄する糞が大きな社会問題となりました。

オーストラリアでは、二二〇〇万頭のウシと一億六二〇〇万頭のヒツジがいて、年間五四〇〇万トンもの糞をしているそうです。これらの糞が牧草の上にあると牧草は生育しませんし、ウシは食べません。この糞には多くのハエが来て、ハエの増加による被害も甚大(じんだい)です。

このような糞公害を解決するためにオーストラリア連邦(れんぽう)科学産業研究機構のなかに、プロジェクトチームが作られ、アフリカに生息している糞虫を導入して糞公害の解消に大きな成果をあげました。これらの導入糞虫は、地中に糞を埋め込んで産卵するため、地上から家畜の糞が消失します。

さきほどのマングース導入の失敗例のように、安易な生物の導入は避けなければなりません。この糞虫導入は、生態をよく研究して慎重に行われたことで得られた成功例と言えるでしょう。

野外の実験や調査を通じて生物群集の多様性の役割を明らかにした研究は多くはありません。そうしたなか、長期で大規模ないくつかの野外実験が、米国の生態学者D・ティルマンらによって行われました。これは、ミネソタ州シダークリークの放棄地で行われた、植物の多様性の役割を明らかにする野外操作実験です。

一九九四年から一九九五年に行われた実験では、三メートル×三メートルの実験区を一四七設置し、そこに一、二、四、六、八、一二、二四種と野生植物の種子数を操作した七処理区をランダムに配置して実験が開始されました。その結果、種の多様性が高いほど生産力は高くなりました。

また、植物種数を操作して多様性を変化させた、一一年間の類似した実験では、種の多様性が高いと水不足で干ばつが生じたときに生産量の減少が緩和され、干ばつなどの外的攪乱(かくらん)に対する抵抗性も強いことが示されました。

生物の多様性が高いほど生態系が変動しにくいことを説明する仮説に、「保険仮説」があります。これは「多様で多くの異なる種がいると、干ばつなどの外的攪乱に対して異なる反応を示す種が含まれる可能性が高くなる。また、多様性が高いと機能的に似た種が含まれる可能性も高くなるので、ある種が絶滅しても他種がその機能を補うことが可能となる」というものです。これがD・ティルマンらの研究結果で、生物の多様性が高いことの役割を野外で示した数少ない研究です。

7　農業生態系での生物多様性の役割

一九九二年にリオデジャネイロで開催された国連環境開発会議(地球サミット)で生物多様性条約の枠組みが決定されてから、「生物多様性」は二一世紀のキーワードの一つになりました。そして、生物多様性の維持は自然環境のみならず、農林水産業の場でも避けて通れない問題となっています。

農林水産省生物多様性戦略では、有機農業など環境保全型農業や生物多様性に配慮した生産基盤整備などを通じ、生物多様性の保全を重視した農林水産業が推進されています(図5―16)。

そのためには、生物多様性の維持機構と多様性の役割を知ることが不可欠です。そして、色々な生態系で生息する多様な生物のつながりを理解し、生態系のバランスの維持機構を明らかにすることが必要となります。

熱帯を訪れた人は、熱帯地域の農業を見たことがあるかもしれません。現在では、農産物の生産効率を優先するために単作で作物を栽培していますが、かつての熱帯地域の農業では、いくつかの作物を一緒に栽培する混作が多く行われていました。一つの畑で植生が単純な単作と多様な混作で、害虫及びその天敵の個体数を比較すると、害虫は単作より混作で少なく、天敵の種数や個体数は、単作より混作で多い傾向があります。

モンシロチョウの幼虫(アオムシ)に卵を産み、卵から孵った幼虫がアオムシを食べる寄生蜂のような天敵は、花蜜などを餌とします。多様な作物がある混作では花の蜜のある時期が長く、寄生蜂などの天敵の個体数が多くなったと考えられています。それゆえ、ある畑での作物の種数が多くなると、天敵が増加し害虫が減少する傾向があるのです。

田園地域・里地里山の保全

- 有機農業等環境保全型農業の推進
- 生物多様性に配慮した生産基盤整備の推進
- 農地に隣接するやぶの刈り払い等、鳥獣被害対策の推進

- 漁業者を中心とした藻場・干潟の保全活動への支援

- 生物多様性を向上させる農業の拡大の推進
- 生物多様性のモニタリングや営農条件等の事例収集を通じ、食糧生産と生物多様性保全とを両立させる水田農業の取り組みの拡大等

生物多様性と農林水産業の関係を定量的に測る「生物多様性指標」の開発

関連施策の効果的な推進

●生物多様性保全をより重視した農林水産業の推進

図 5-16　農林水産省生物多様性戦略の概要
（平成 20 年度 食料・農業・農村白書より改変）

そして、作物の多様性が高くなると天敵の多様性も高くなり、これらの天敵は害虫を低密度に保ち、害虫と天敵とのバランスが維持されやすいと思われます。

これまでの研究では、農業生態系の生物多様性の機能が十分には理解されていません。しかし、農業生態系及びその周辺環境の生物多様性を創出することは、多様な生物のバランスを維持するのに必要であると考えられます。

8　自然環境の破壊と修復及びその影響

多様な生き物は、私たちの生活にとても役立っていることを紹介しました。しかし今、人口の増加と私たち人類が作り出した文明によって、多くの地域で自然環境が破壊され、多様な生物が絶滅しつつあります。

一八世紀に英国で始まった産業革命以来、私たちは、身近な環境だけでなく地球規模でも多くの環境を急速に変えつつあります。身近な環境の変化としては、森林伐採による農耕地の造成、田園地域への都市の拡大、単一作物の大面積栽培、化学肥料による地下水の汚染や淡水域の富栄養化、化学農薬による特定害虫の多発化、外来種の侵入などがあげられます。

さらに私たちは、地球温暖化、酸性雨、オゾン層や熱帯雨林の破壊、気候変動など、地球規模での環境問題にも直面しています。

人間活動とそれによって派生した環境問題は、私たちに多面的な問題を与えるだけでなく、生物多様性の喪失（そうしつ）などを通じて、人類にも多大な影響を与えています。自然環境に人為（じんい）的な負荷をかけると、負荷が小さいときは自然の回復力によって環境は回復しますが、回復力以上の負荷がかかると回復は難しくなります。このような環境問題の解決に向けて、比較的大きな規模で自然環境を修復し、もとの生物群集を取り戻そうという事業が始まりつつあります。ここでは、自然環境の修復に関する取り組みを紹介します。

これまで多くの生物が絶滅し、その速度は環境の改変によってますます速くなっています。しかし、一度生物が絶滅すると、それを再生するのはとても難しいことです。絶滅が危惧（きぐ）される動物を再び野外に確立する手法の一つに、再導入があります。これまで一四五の導入例がありますが、成功したのは一六例だけです。日本でも戦前までは普通に見られていたトキやコウノトリも、日本産は絶滅しました。今、これらの絶滅した種を再導入することで再生する事業が進んでいます。

このような事業が成功するには、絶滅した種が生息できる環境に現在の環境を修復し、そ

図 5-17　コウノトリ（写真：123RF）

れを確立することが必要です。そして、それが確立された後に再導入を行い、定着が可能となります。ここでは、コウノトリが生活できる環境の修復を通じたコウノトリの野生復帰の事業を紹介します。

コウノトリ（図5-17）は、翼開長が二メートル、体重が四～五キログラムの大型の鳥です。戦前には日本各地で見られていましたが、戦後に個体数が激減し、日本産のコウノトリは絶滅しました。そのため、中国からコウノトリをもらい受けて日本で人工孵化して放鳥するコウノトリの再生事業が、兵庫県豊岡市で行われています。

日本でコウノトリが絶滅した要因は何だと思いますか？　その一つとして考えられるのは、農薬の散布による餌生物の激減や農薬に汚染された餌を採ることで有機水銀などがコウノトリの体内で濃縮され、それが死亡要因となり、個体数が減少したことです。

　また、コウノトリは里の鳥で、水田地帯をおもな餌場としています。その餌場は、春から初夏にかけては水田地帯、水田の水が落とされた晩夏から初秋は河川敷の牧草地、晩秋からは河川と、季節によって変化します。このような採餌場所の季節変化により、利用する餌(水田ではドジョウやカエル、牧草地ではバッタやトンボ、河川ではボラやナマズなど)も変化します。それゆえ、コウノトリが生息するにはいくつかの餌場所が必要なのです。

　豊岡市では、コウノトリの野生復帰を目標に、大規模な事業が展開されました。このような事業は、農家の方々も含めた地域住民の理解と努力がなければ実施できません。

　まず、飼育を通じて個体数を増加させつつ、これらのコウノトリを野外に放したときに、それが生存し続けられるよう「コウノトリを育む農法」が広がりました。この「農法」では、減農薬や無農薬でイネを栽培して田んぼの生物を多様にし、その結果、コウノトリの餌が生息できる環境に修復されました。

　さらに多様な餌が生息できる環境を作るため、田んぼの水を冬も抜かないことによる水田の生物の維持、初夏に田んぼの水を抜く時期の延期によるカエル類の増加、小規模水田魚道の設置、河川改修による浅場の創出など、水田とその周辺環境が修復され、コウノトリが生息することが可能となりました。

これらの事業から、一度生物が絶滅すると、その再生には多大な労力と時間、さらに地域住民の合意と再生に向けた努力が必要であることがわかります。

みなさんは、日本産のトキが絶滅したことを知っているでしょう。コウノトリと同様にトキの再生事業も行われ、絶滅したトキが自然環境の修復によって新潟県の佐渡（さど）で野生に復帰しました。このトキの絶滅も、多量の農薬の使用や水路のコンクリート護岸で生物が水田と水路を行き来できなくなったこと、冬季の乾田（かんでん）化などが原因であると考えられています。

これらの要因はいずれも人為的な要因で、私たちの生活がこのような生物を絶滅させたと言っても過言ではありません。今後は、これらの反省に立って私たちの生活が環境に与える影響も考慮しながら自然と付き合う必要があるでしょう。

最近、クマやイノシシ、サルやシカが里に頻繁に出てきて畑を荒らし、人家に侵入して私たちの生活にさまざまな問題を生じさせています。なぜ、このようなことが起こっているのか考えたことがありますか？

私が子どもだった昭和三〇年代、今から五〇年くらい前は、私の田舎では炭が燃料でした。炭を七輪（しちりん）に入れ、そこに鍋（なべ）などを置いて料理を作りました。戦後のある時期までは、日本のほとんどの地域で炭が燃料として使われ、そのために雑木林はきれいに刈（か）られ管理されていました。このような雑木林があった場所を里山と言います。里山は奥山と里の間にあって、山の動物と人間との緩衝(かんしょう)地帯でした。

燃料が炭から石炭や石油に替わって里山の雑木林を活用した炭焼きもなくなり、その結果、緩衝地帯の里山がなくなったことが、クマやイノシシなどを里に出現しやすくしました。里山がなくなることで、里に出やすい環境に改変されたのです。そのため、京都などいくつかの地域では、かつての里山を取り戻すための事業も実施されています。

このように生物が生活している環境を改変すると、予想もしなかったことが生じます。一見、生き物のいとなみは単純なようですが、人間と生き物の関わり合いは奥が深いと感じます。

9　環境科学の挑戦

二一世紀は、環境科学の時代だとも言われています。それは、人口の爆発的な増加と私たちが作り出した文明による環境の破壊が急速に進んでいることにも起因しています。緑多い地球を私たちの子どもや孫、さらにはその子孫にまで受け継ぐには、環境を今以上に破壊せず、破壊された環境を修復することが必要です。ここでは、そのような現状の一部を紹介しました。

地球上には名前が付けられた生物だけでも一〇〇万種以上が生活しています。多様な生物は生態系サービスを通じ、私たちの生活にさまざまな恩恵を与えています。しかし、生物の多様性の役割については不明なことが多く、その解明は今後の研究に期待されています。

一方、地球環境の破壊や温暖化、さらには外来種も含めた環境問題は、農林水産業に多くの課題も生じています。それゆえ、これらの環境問題を解決する使命のある環境科学は、チャレンジングな学問と言えます。新たな発見は、ワクワク感やおもしろさに通じます。ぜひ、若いみなさんがこれらの数多い課題に私たちと一緒に挑戦し、それらを解決してくれることを期待します。

あとがき

『農学が世界を救う――食料・生命・環境をめぐる科学の挑戦』、いかがだったでしょうか。本書では、食料・生命・環境をめぐる科学を五つの章より紹介しました。

本書は、これらの科学に関して教科書的な知識の紹介を試みた書ではありません。執筆者は、若い読者のみなさんに、食料・生命・環境をめぐる科学のおもしろさを伝えたいと筆を執りました。各章の内容は、老若男女の執筆者、それぞれの思い入れのある内容になっています。それゆえ、「くせ(個性)のある書」と言えるかもしれません。

「小さな大学」のような農学。農学は、耕地・里山・森林・河川・海洋など広い領域を舞台に、分子から個体、個体群、生態系レベルまでの多次元を対象とし、自然科学や人文社会科学の成果も活用して、食料・生命・環境のいろいろな問題に挑戦する総合科学です。「農学って、どんな学問」か、その一端をわかっていただけたのではないでしょうか。

では、「いま、農学が社会から求められていること」って何でしょう? 栄養不足や食生活の変化の実態を通じ、食糧問題とどう向き合うのか。経済成長によって、食生活や産業構造、さらには農業も変化しています。これらを通じて、経済問題とどう向き合うのか。また、持続可能な開発を通じ、環境問題とどう向き合うのか。農学が社会から求められている重要な課題の一端を紹介しました。

食べること、それが地球環境の将来にも結びついているのが食料科学の大事さであり、食料科学分野を研究する重要な意義です。食べることを通じた「食料科学の新たな役割」、今までも、今も、これからも、農学の本家である食料科学。その新たな役割を知っていただけたと思います。

それでは、農学の顕著な変化とはどのようなものでしょうか？　生命科学の飛躍的な発展と、環境科学としての農学の新たな展開——この二つを「生命科学へのいざない」と「環境科学の挑戦」として紹介しました。

生命活動がどのように営まれているかを分子レベルで探究する学問、それが「生命科学」です。生命科学を支える新しい技術や生命現象および、最先端の研究であるインスリン様活性と動物の一生についてふれた「生命科学へのいざない」。生命科学の奥深さを感じ、生命科学にいざなわれた方も多いと思います。

そして現代の農学での喫緊の課題の一つは、環境負荷の小さい環境保全型農業をいかに実践するかです。「環境科学の挑戦」では、環境保全型農業とその究極的な挑戦、無肥料・無農薬・無除草剤でのコメ作りや生態学の最重要課題である生物多様性の多面的な役割、さらには自然環境の破壊と修復およびその影響など、環境科学での様々な挑戦の一端を紹介しました。

手前味噌ですが、本書を通じて多岐にわたる農学のおもしろさや農学に含まれる多くの課題を知っていただけたことでしょう。私たちと一緒にこれらの課題に挑戦し、解決するのは、若いみなさんです。ぜひ、「世界を救う農学」を学び、食料・生命・環境をめぐる科学に挑戦し、私たちと一緒に世界を救いましょう。みなさんと、農学部でお会いできるのを楽しみにしています。また、農学をさらに学びたい方には、『農学入門』(二〇一三年、養賢堂)の一読をお勧めします。

さて、私が子どもの頃、今から半世紀前、私が生まれた島根の田舎では、子どもが農作業を手伝うのは当たり前のことでした。農作業がいそがしい農繁期には、学校を休んで農作業を手伝う子もいました。

その頃の私は、農作業を手伝うのは、いやでした。しかし、五〇年後の今、みずから田んぼや畑、さらには果樹園で農作業を楽しんでいます。無肥料・無農薬・無除草剤の自然共生型田んぼには、数多くの生き物が生息しています。このような多様な生き物を日々、観察することはとてもおもしろく、知的好奇心をくすぐられます。いろいろな「なぜ?」が心に浮かび、それを明らかにする試みは、私にワクワク感を生じさせてくれます。さらに、日々成長するイネから元気をもらっています。

このような田んぼのイネの生育は不ぞろいで不均一です。しかし、本来、生物の生育は不ぞろいで不均一なものではないでしょうか。それを、イネが教えてくれます。あまりにも人工的な世の中でいそがしく生活していると、人間はいかに生きるべきかという、私たち人間にとって本質的な命題を考えることを忘れるのかもしれません。多様な生き物が共生する自然共生型田んぼ。その生き物たちは私たちに日々の生き方を考えることも教えてくれます。

本書でも紹介されていますが、新しく農業を始める人の半数は六〇歳になってからの就農です。これは健康に長生きするためにも、よい傾向でしょう。そして、若者の就農と成長は、日本の農業と農村を着実に変えます。

また、農業および農作業は、日本の文化の源であり、原点でもあります。農業も変わりつつあり、変わらなければなりません。しかし、時代がいかに変わろうとも、食は国の礎であり、それを支える農学は、多くの学問の中で最も重要な学問と言えるでしょう。

最後になりましたが、岩波ジュニア新書編集部の森光実さんと塩田春香さんには、本書の刊行に当たり大変お世話になりました。特に、塩田さんには、献身的な尽力と数多くの建設的な助言をいただきました。また、表紙や数多くの図を川野郁代さんに描いていただきました。親しみやすい絵で本の内容が身近なものとなり、さらに理解しやすくなりました。本書の執筆者、太田と安田が所属する茨城大学農学部環境毒性化学研究室および山形大学農学部動物生態学研究室の学生のみなさんには、原稿に関して大変貴重なコメントをいただきました。これらのみなさんに心から感謝し、お礼申し上げます。

五人組の裏方として　**安田弘法**

[執筆者紹介]

生源寺眞一

1951年生．東京大学農学部卒業．農学博士．専門は農業経済学．国の研究機関で農業の現場と密に交流し，東京大学・名古屋大学で教鞭をとった経験をベースに，現在は福島大学に新設された食農学類で教授を務める．著書に『日本農業の真実』(ちくま新書)，『農業と人間』(岩波現代全書)など．

太田寛行

1954年生．東北大学大学院農学研究科博士課程修了．農学博士．現在，茨城大学農学部教授．土壌微生物に焦点をあて，三宅島火山噴火後の環境再生や，畑地での農法と温室効果ガス発生の関係等を研究している．著書に『農学入門』(共編著，養賢堂)，『微生物の地球化学』(共訳，東海大学出版部)など．

安田弘法

1954年生．名古屋大学大学院農学研究科博士課程修了．農学博士．現在，山形大学農学部教授．自然のバランスの機構の解明をライフワークとし，現在は，無肥料・無農薬・無除草剤で淡水生物の機能を活用しておいしいお米を多く収穫する研究に従事．著書に『生態学入門』(共著，東京化学同人)など．

髙橋伸一郎(たかはし・しんいちろう)

1959年生．東京大学大学院農学系研究科博士課程修了．農学博士．現在，東京大学大学院農学生命科学研究科教授．人類の役に立つバイオサイエンスに関わりたいと思い農学の道を選んだが，最近は，100年後の地球上の生物の共生のための科学に貢献したいと考え，教育・研究に携わっている．

竹中麻子(たけなか・あさこ)

1964年生．東京大学大学院農学系研究科修士課程修了．農学博士．現在，明治大学農学部教授．著書に『わかりやすい食品化学』(共著，三共出版)，『栄養科学イラストレイテッド　分子栄養学』(共著，羊土社)など．

橘　勝康(たちばな・かつやす)

1955年生．徳島大学大学院栄養学研究科博士後期課程修了．保健学博士．現在，長崎大学大学院水産・環境科学総合研究科教授．著書に『養殖魚の価格と品質』(共編著，恒星社厚生閣)など．

農学が世界を救う！
──食料・生命・環境をめぐる科学の挑戦　岩波ジュニア新書 861

2017年10月20日　第1刷発行
2020年3月5日　第3刷発行

編著者　生源寺眞一（しょうげんじしんいち）・太田寛行（おおたひろゆき）・安田弘法（やすだひろのり）

発行者　岡本 厚

発行所　株式会社 岩波書店
〒101-8002 東京都千代田区一ツ橋 2-5-5

案内 03-5210-4000　営業部 03-5210-4111
ジュニア新書編集部 03-5210-4065
https://www.iwanami.co.jp/

組版　シーズ・プランニング
印刷・三陽社　カバー・精興社　製本・中永製本

ISBN 978-4-00-500861-2　Printed in Japan

岩波ジュニア新書の発足に際して

きみたち若い世代は人生の出発点に立っています。きみたちの未来は大きな可能性に満ち、陽春の日のようにひかり輝いています。勉学に体力づくりに、明るくはつらつとした日々を送っていることでしょう。

しかしながら、現代の社会は、また、さまざまな矛盾をはらんでいます。営々として築かれた人類の歴史のなかで、幾千億の先達たちの英知と努力によって、未知が究明され、人類の進歩がもたらされ、大きく文化として蓄積されてきました。にもかかわらず現代は、核戦争による人類絶滅の危機、貧富の差をはじめとするさまざまな人間的不平等、社会と科学の発展が一方においてもたらした環境の破壊、エネルギーや食糧問題の不安等々、来るべき二十一世紀を前にして、解決を迫られているたくさんの大きな課題がひしめいています。現実の世界はきわめて厳しく、人類の平和と発展のためには、きみたちの新しい英知と真摯な努力が切実に必要とされています。

きみたちの前途には、こうした人類の明日の運命が託されています。ですから、たとえば現在の学校で生じているささいな「学力」の差、あるいは家庭環境などによる条件の違いにとらわれて、自分の将来を見限ったりはしないでほしいと思います。個々人の能力とか才能は、いつどこで開花するか計り知れないものがありますし、努力と鍛練の積み重ねの上にこそ切り開かれるものですから、簡単に可能性を放棄したり、容易に「現実」と妥協したりすることのないようにと願っています。

わたしたちは、これから人生を歩むきみたちが、生きることのほんとうの意味を問い、大きく明日をひらくことを心から期待して、ここに新たに岩波ジュニア新書を創刊します。現実に立ち向かうために必要とする知性、豊かな感性と想像力を、きみたちが自らのなかに育てるのに役立ててもらえるよう、すぐれた執筆者による適切な話題を、豊富な写真や挿絵とともに書き下ろしで提供します。若い世代の良き話し相手として、このシリーズを注目してください。わたしたちもまた、きみたちの明日に刮目しています。(一九七九年六月)

888・887 **数学と恋に落ちて**
未知数に親しむ篇
方程式を極める篇
ダニカ・マッケラー
菅野仁子 訳

将来、どんな道に進むにせよ、数学はあなたに力と自由を与えます。数学を研究し、女優としても活躍したダニカ先生があなたの夢をサポートする数学入門書の第二弾。式の変形や関数のグラフなど、方程式でつまずきやすいところを一気におさらい。

890 **情熱でたどるスペイン史**
池上俊一

長い年月をイスラームとキリスト教が影響しあって生まれた、ヨーロッパの「異郷」。衝突と融和の歴史とは？（カラー口絵8頁）

891 **不便益のススメ**
―新しいデザインを求めて
川上浩司

効率化や自動化の真逆にある「不便益」という新しい思想・指針を、具体的なデザイン、モノ・コトを通して紹介する。

892 **ものがたり西洋音楽史**
近藤　譲

中世から20世紀のモダニズムまで、作曲家や作品、演奏法や作曲法、音楽についての考え方の変遷をたどる。

893 **「空気」を読んでも従わない**
―生き苦しさからラクになる
鴻上尚史

どうしてこんなに周りの視線が気になるの？どうして「空気」を読まないといけないの？その生き苦しさの正体について書きました。

894 内戦の地に生きる ―フォトグラファーが見た「いのち」 橋本 昇

母の胸を無心に吸う赤ん坊、自爆攻撃した息子の遺影を抱える父親…。戦場を撮り続けた写真家が生きることの意味を問う。

895 ひとりで、考える ―哲学する習慣を 小島俊明

主体的な学び、探求的学びが重視されているなか、フランスの事例を紹介しながら「考える」について論じます。

896 「カルト」はすぐ隣に ―オウムに引き寄せられた若者たち 江川紹子

オウムを長年取材してきた著者が、若い世代に向けて事実を伝えつつ、カルト集団に人生を奪われない生き方を説く。

897 答えは本の中に隠れている 岩波ジュニア新書編集部編

悩みや迷いが尽きない10代。そんな彼らに、個性豊かな12人が、希望や生きる上でのヒントが満載の答えを本を通してアドバイス。

898 ポジティブになれる英語名言101 小池直己 佐藤誠司

プラス思考の名言やことわざで基礎的な文法を学ぶ英語入門。日常の中で使える慣用表現やイディオムが自然に身につく名言集。

899 クマムシ調査隊、南極を行く! 鈴木 忠

白夜の夏、生物学者が見た南極の自然とは? 笑いあり、涙あり、観測隊の日常がオモシロい! 〈図版多数・カラー口絵8頁〉

900 男子が10代のうちに考えておきたいこと　田中俊之
男らしさって何？　性別でなぜ期待される生き方や役割が違うの？　悩む10代に男性学の視点から新しい生き方をアドバイス。

901 カガク力を強くする！　元村有希子
疑い、調べ、考え、判断する力＝カガク力！科学・技術の進歩が著しい現代だからこそ、一人一人が身に着ける必要性と意味を説く。

902 世界の神話　沖田瑞穂
個性豊かな神々が今も私たちを魅了する聖なる物語・神話。世界各地に伝わる神話のエッセンスを凝縮した宝石箱のような一冊。

903 「ハッピーな部活」のつくり方　中澤篤史　内田良
長時間練習、勝利至上主義など、実際の活動から問題点をあぶり出し、今後に続くあり方を提案。「部活の参考書」となる一冊。

904 ストライカーを科学する　―サッカーは南米に学べ！　松原良香
南米サッカーに精通した著者が、現役南米代表などへの取材をもとに分析。決定力不足を克服し世界で勝つための道を提言。

905 15歳、まだ道の途中　高原史朗
「悩み」も「笑い」もてんこ盛り。そんな中学三年の一年間を、15歳たちの目を通して瑞々しく描いたジュニア新書初の物語。